신체의 소사전

약보다 효과적인 지식

디아스포라(DIASPORA)는 독자 여러분의 책에 관한 아이디어와 원고 투고를 기다리고 있습니다. 디아스포라는 전파과학사의 임프린트로 종교(기독교), 경제·경영서, 일반 문학 등 다양한 장르의 국내 저자와 해외 번역서를 준비하고 있습니다. 출간을 고민하고 계신 분들은 이메일 chonpa2@hanmail.net로 간단한 개요와 취지, 연락처 등을 적어 보내주세요.

신체의 소사전

초판 1쇄 발행 1980년 02월 28일
개정 1쇄 발행 2025년 07월 15일

지은이 다카하시 나가오
옮긴이 강석영
발행인 손동민
디자인 오주희

펴낸곳 전파과학사
출판등록 1956년 7월 23일 제 10-89호
주　소 서울시 서대문구 증가로18, 204호
전　화 02-333-8877(8855)
팩　스 02-334-8092
이메일 chonpa2@hanmail.net
공식 블로그 http://blog.naver.com/siencia

ISBN 978-89-94832-11-9 (03510)

• 이 책은 저작권법에 따라 보호받는 저작물이므로 무단전재와 무단복제를 금지하며, 이 책 내용의 전부 또는 일부를 이용하려면 반드시 저작권자와 전파과학사의 서면동의를 받아야 합니다.
• 파본은 구입처에서 교환해 드립니다.

신체의 소사전

약보다 효과적인 지식

다카하시 나가오 지음 | 강석영 옮김

전파과학사

신체 속의 풍선여행으로—머리말을 대신하여

이제 인류는 태양과 달은 물론, 천체의 운행을 초 단위보다도 세밀한 단위로 예측하고, 우주선을 만들어 놀라운 정밀도로 발사하며, 우주여행까지 가능하게 되었다.

그러나 가장 친근한 존재인 자신의 신체에 대해서는 뜻밖에도 많은 것을 모르고 있으며, 의료관계자가 아닌 사람들은 신체에 대해 거의 무관심하다. 저자 또한 꽤 오래전부터 운전을 배워 매일 핸들을 잡고 자동차를 이용하고 있지만, 고장이 나지 않는 한 보닛을 열어 엔진을 살피거나 기계 구조를 공부하려고 생각하지 않는다. 일반 사람들도 병에 걸리지 않는 이상, 자신의 신체가 어떤 구조를 가지고 있으며, 그 안에서 어떤 기능이 작용하는지 알려고 하지 않는 것과 마찬가지다.

딱딱한 용어로 쌓아 올린 석조건물을 연상케 하는 의학전문서처럼, 어두컴컴하고 오만한 느낌이 아니라 친숙하고 이해하기 쉬운 형태로 최근의 의학지식을 올바르게 해설해 보고 싶다는 것이 저자의 오래전부터의 바람이었다. 그 하나의 시도가 이 『신체의 소사전』이다.

이 책은 약 2년에 걸쳐 주 1회 『홋카이도(北海道) 신문』에 연재한 「몸, 그 구조와 기능」에 약간 수정을 가하고 새로 10항목 정도 추가해 한 권으로 엮은 것이다. 각 회는 1,300자라는 고정된 분량 안에서 독립된 글로 구성되었기 때문에 기술할 내용을 의학적으로 중요한 순위에 따라 취사선택해야 했다. 그 과정에서 글이 무미건조해질 우려가 있을 때는 주제를 선정하는 데 약간 조절을 했다. 각 글이 독립된 구성을 취하고 있으므로 상호 맥락은 강하지 않으며, 어느 부분부터 읽어도 상관없게 되어 있다.

신문 연재가 90회를 넘자, 스크랩북에 열심히 모아오던 독자들과 선배, 친지들의 권유에 힘입어, 이번에 한 권의 책으로 묶기로 결심하게 되었다.

아무튼 이 원고의 집필 시간으로 정한 매주 일요일 오후의 한때는, 마치 주 1회 옛 친구를 만나 서재에서 멋대로 잡담을 나누는 듯한 즐거움을 느꼈다. 그것이 한 권의 책으로 묶여 세상으로 나오려 하니, 새삼 '설빔'을 차려 입고 많은 사람의 시선을 받으며 밖으로 나서는 듯한 낯간지러움을 느낀다.

생각지도 않던 가운데 『신체의 소사전』이 빛을 보게 된 것은, 홋카이도 신문사 학예부 구리하라(栗原), 다케오카(竹岡) 두 차장, 기자인 가이즈카 씨, 우에노 씨 덕분이며, 뒤에서 추진해 주신 고단샤(講談社) 후지다 부장, 스에다케 씨께도 깊이 감사드린다. 삽화는 신문 연재 시절부터 함께해 온 스즈키 화백(일본선전미술회원)에 부탁드렸다. 자유롭고 함축적인 그림으로 이 책을 아름답게 꾸며주신 데 대해 감사드린다.

삿포로에서 저자

차례

신체 속의 풍선여행으로—머리말을 대신하여　5

1장 신경계
통신망의 단위 | 15
지각에서 운동으로의 U회전 | 18
밭이랑 위의 사령부 | 21
내밀한 나 | 24
지·정·의의 무대 | 27
수다는 여기에서 시작된다 | 30
뇌로부터의 전기의 물결 | 33
은연한 실력자 | 36
대창고에 정돈된 지혜주머니 | 39
인생 3분의 1 길이의 휴식 | 42
경험의 조각으로 만들어진 색유리 무늬 | 45

2장 감각
표정이 있는 비디오 카메라 | 51
그 불가사의 | 54
전성관과 천칭 | 57
청소기와 난방기 | 60
막막한 심미감각 | 63
피부 위에 분포된 초소 | 66
시각장애인의 눈 | 69
심두를 멸각하면 불 또한 서늘하다 | 72

3장 순환기계
자동조종기가 달린 근육펌프 | 77
정열의 노에서 펌프로 | 80

혈액수송용 배관 | 83
지크프리트의 나뭇잎 | 86
혈관을 운전하는 신경계 | 89
지하수를 모으는 큰 강 | 92
레이스 편물 속의 경찰서 | 95
혈관의 벽을 달리는 물결 | 98
오르든 내리든 | 101
오르기만 하는 언덕 | 104

4장 체액

물자운반용 화차 | 109
컨테이너를 나르는 화물차 | 112
혈액 속의 개인식별표 | 115
Rh음성인 여성의 궁합 | 118
충실한 보안관 | 121

5장 호흡기계

사과가 있는 공기통로 | 127
거품고무로 된 큰 공장 | 130
목숨의 파동 | 133
풀무에서 드나드는 공기의 구분 | 136
생명의 파동을 제어하는 것 | 139

6장 소화기계

부지런한 일꾼인 문지기 | 145
몸에서 가장 단단한 장치 | 148
윤활제와 소화액 | 151
혈액의 소제기 | 154

중추의 시소에 조종되는 원동력 | 157
담즙의 농축공장 겸 창고 | 160
소화의 만능선수 | 163
감정과 공명하는 소화 공장 | 166
위의 창으로 들여다본 '생체실험관' | 169
음식물의 순례행로 | 172
벨트 컨베이어가 달린 화학공장 | 175
200m² 넓이의 발효화학 공장 | 178
반역에만 의의를 느끼는 사양의 장기 | 181

7장 비뇨기계
소공장의 동업자 협동조합 | 187
환경조성의 조절기 | 190
수문지기가 있는 저수지 | 193

8장 내분비계
나가는 내가 없는 호수 | 199
동물계의 공분모 | 202
호르몬 콘체른을 턱으로 부리는 보스 | 205
모성애 호르몬 | 208
스트레스로의 전초거점 | 211
절반은 여성전용품 | 214
성격의 샘 | 217
생체 엔진의 액셀러레이터 | 220
스트레스에의 보루 | 223
싸움의 선 | 226
동물의 밑바닥에 있는 것 | 229
번뇌의 샘 | 232
뼈가 되어도 지워지지 않는 각인 | 235

여성-약상자가 달린 몸 | 238
매력이 넘치는 화학공장 | 241

9장 세포에서 지방까지

이중창으로 둘러싸인 기관실 | 247
서모스탯이 달린 냉온방장치 | 250
몸의 냉각 가속액 | 253
양심과의 싸움에서 흐르는 땀 | 256
생명의 작은 조각 | 259
접어서 속에 넣은 설계도 | 262
'생명의 근본인 효소' | 265
미래에 영원히 사는 형질 | 268
언제나 새로운 가죽부대 | 271
불가사의한 힘을 가진 피부의 부속품 | 274
쇠보다도 든든하고 오래가는 굴대 | 277
분주히 살아 있는 지주 | 280
자가 충전 장치가 달린 전지로 생기는 약동 | 283
집게손가락이 움직이기까지 | 286
조물주의 기계공학상의 걸작 | 289
인간 전체의 대표 | 292
에너지 은행 | 295

10장 세균과의 싸움

믿을 만한 보루와 방위군 | 301
자연치유력의 거물 | 304
양동작전에 쓰이는 '희생부대' | 307

11장 피로

가장 보수적인 관리기구 | 313
피로곤비 일보 전의 붉은 신호 | 316
의욕에 의해 날아가 버리는 파업지령 | 319

12장 발육과 노화

별처럼 많은 수에서 뽑힌 우승자 | 325
암흑 속의 건설 | 328
전기부품에 배선되는 시기 | 331
어른에의 팡파르 | 334
인생의 황혼 | 337
생물시계로 표시되는 나이 | 340
서쪽으로 기우는 태양 | 343
생명에 햇수는 더해졌지만 | 346

얼마나 알고 있습니까? 349
그림으로 살펴보는 신체기관 351

1장

신경계

통신망의 단위

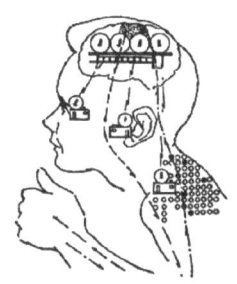

평화로운 아침의 수색대

향의 묶음 같은 신경

개구리 다리에서 큰 발견

　이른 여름의 상쾌한 아침, 창을 연다. 눈부신 신록이 펼쳐지고, 새들은 지저귀며 상쾌한 산들바람이 불어온다. 이렇게 평화로운 아침에도 인체의 감각기라고 하는 수색대는 겁 많은 귀뚜라미가 더듬이를 연신 움직이듯, 끊임없이 외적의 침입을 경계하고, 외계의 정보를 수집하고 있다.

　1억 3,000만 개에 이르는 망막의 감각세포는 뇌의 시령(視領)을 향해 바쁘게 영상을 보내고, 내이(內耳)의 섬세한 신경 말단은 보리 이삭이 바람에 흔들리듯 움직이며 음의 감각을 뇌로 전송한다. 약 50만 개의 피부 촉점과 약 25만 개의 냉점은 실내에 흘러 들어오는 공기의 감촉을 뇌에 통보한다. 눈에서 귀에서 피부에서 뇌로 보내는 통보는 극히 짧은 시간에 수

천 수만이라는 엄청난 숫자에 달한다.

이러한 신경계의 기본 단위를 뉴런이라고 부른다. 뉴런은 하나의 신경세포와 그것에서 나온 두 종류의 돌기, 즉 짧고 수가 많은 원형질돌기와 하나의 매우 긴 신경돌기(신경섬유)로 구성되어 있다.

좌골신경을 예로 들어보자. 이 신경을 잘라 현미경으로 보면 다발로 묶은 향 뭉치를 자른 것처럼 많은 신경섬유가 모여 있는 것이 보인다. 자세히 보면 그 속에는 굵기와 형태가 다양한 신경섬유들이 포함되어 있다. 그중 가장 굵은 것은 운동신경섬유이다. 같은 운동신경 가운데서도 특히 굵은 것이 근육을 빨리 움직이기 위한 섬유이며, 그보다 가는 것이 신체의 자세를 유지하는 긴장근을 천천히 움직이는 신경섬유이다.

운동섬유보다 약간 가느다란 또 하나의 신경은 지각신경이다. 운동신경이 뇌에서 손발에 명령을 내리는 계통이라면 지각신경은 손발로부터 머리로 정보를 전달하는 경로이다.

지각신경보다 더욱 가는 것이 자율신경이며, 흥분을 전달하는 속도는 가장 느리다. 자극 방법이나 자극이 가해지는 섬유의 종류에 따라 혈관이 확장되기도 하고 수축되기도 하며, 내분비샘의 분비도 달라질 수 있다.

신경에 신호가 전달되면 거기에 극히 약한 전기가 생긴다. 이 전기는 도화선에 불이 붙은 것처럼, 같은 강도로 신경 말단까지 전달되어 근육을 수축시키기도 하고 머리에 감각을 전달하기도 한다.

지금으로부터 180년쯤 전, 개구리의 다리를 해부하던 해부학자 갈바니가 메스나 핀셋이 우연히 신경에 닿았을 때 근육이 파딱파딱 움직이는 것을 발견했다. 이 발견은 전기가 신경을 따라 전달되어 근육을 움직인다는 중요한 생리학의 일부분을 개척하는 단서가 되었다.

획기적인 대발견이 우연한 기회에 이루어지는 일이 많은데, 하느님의 계시와도 비슷한 그 기회는 실은 그때까지 인간의 눈앞을 몇 번이고 그냥 스쳐 갔던 것일지도 모른다. 그 계시를 단단히 받아들여 과학의 획기적인 대발전으로 연결시키기 위해서는 먼저 안목 있는 과학자를 양성하는 일이 중요하다. 그리고 그런 계시에 부딪힐 확률을 높이기 위해서는 이러한 과학자의 수를 늘리는 것이 무엇보다 필요하다고 생각된다.

지각에서 운동으로의 U회전

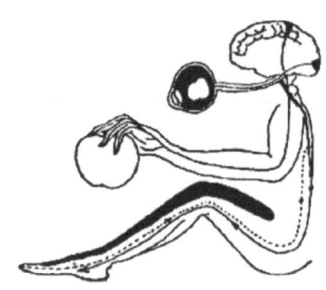

담력시험

긴급사태에서의 선결권

근육의 흑막적 지배

초등학교에 다니는 어린이가 양지바른 곳에서 친구들과 하찮은 '담력' 겨루기를 한다. 상대방의 눈앞에서 갑자기 손을 흔들 때 눈을 깜빡이지 않으면 담력이 있다고 여기는 모양이다. 테스트를 받는 아이는 눈을 깜빡이지 않으려고 힘을 주고 눈을 부릅뜨지만, 대개는 눈을 깜빡이고 만다. 그러면 귀여운 환성이 터지고, 이어서 다음 어린이가 테스트를 받는다.

눈앞에 있는 사과를 손으로 집는 경우를 생각해 보자.

먼저 눈으로 사과를 보고, 집어도 되는지 어떤지 판단하고, 된다고 생각되면 비로소 집으려는 의지가 발동하여 손을 움직이는 근육에 운동 명령이 내려진다. 따라서 눈앞에 있는 사과를 손으로 집는 것만으로도 머리나 척수의 신경 경로 속을 신호가 복잡하게 왕복하고 나서야 비로소 행동이 발기된다. 하물며 아담과 하와가 사과를 먹으려고 했을 때나, 인기척이 없는 과수원의 울타리 가까이에 주렁주렁 열린 사과나무 아래에서 '의관을 고치려' 생각할 때에는 신경 속에서 더 복잡한 신호의 왕복이 있었을 것이다.

눈앞에 다가온 위기를 찰나에 피하기 위해서는 이래서는 늦는다. 복잡한 신경 경로 중에서도 가까운 길을 택하여 우선 위험을 피하기 위한 운동명령을 근육에 전달해야 한다. 앞에서 언급한 눈깜빡임의 반사도 눈을 보호하기 위한 합목적적인 반사운동이다. 마치 관청에서 긴급사태 시 하위 공무원에게 전결이 허용되는 것과 같다.

걷는 동작에서도, 걷기 시작할 때나 멈출 때는 의지가 작용하지만, 걷는 동안에는 손발이 거의 무의식적으로 움직인다. 발바닥 피부나 발의 관절에서 뇌로 전달되는 보행상태에 관한 정보는 척수에서 U회전을 하듯 곧 근육에 대한 운동명령으로 바뀌기 때문에 생각할 필요가 없다.

운동경기에서 연습을 거듭하면 그 동작에 관련된 여러 가지 반사운동의 정보전달, 운동지령의 통로가 점점 짧게 단순화되고, 신속하게 연결되기 때문에 기술이 숙달된다.

호흡, 순환, 소화 등의 자율신경이 관여하는 기능도 모두 반사적으로 이루어진다.

신체의 여러 부위 근육의 긴장에 흑막적인 지배력을 발휘하는 것으로 경반사가 있는데, 그것에 대해서는 따로 적기로 한다.

생각해 보면 젊은 세대 가운데 '반사적'인 인간이 더욱 많아지는 것 같다. 마음에 안 들면 곧 폭력을 휘두른다든가, 권총으로 사람을 쏴보고 싶다고 하면 이내 살인을 저지르는 부류들이다. 이런 좋지 못한 반사 경로를 차단하고, 사고와 행동 사이에 사회통념, 의리, 도덕, '수신' 등을 개재시키기 위해서는 무엇보다도 우선 젊은 세대의 이런 종류의 '반사 기구' 성립의 필연성을 분석할 필요가 있을 것 같다.

밭이랑 위의 사령부

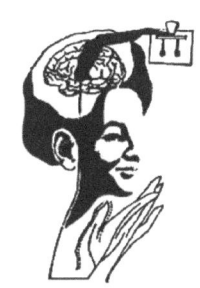

뇌 속의 몇 가 몇 번지
한 개의 손가락이 동체에 맞먹는다.
소세키의 뇌

밭에 밭이랑을 낸 것처럼 대뇌의 표면에도 도랑과 이랑이 꾸불꾸불하게 나 있다. 이 도랑과 이랑은 누구의 뇌에나 거의 비슷하게 나 있고, 아무리 작고 좁은 이랑(이것을 '회'라고 한다)이나 도랑에도 일일이 이름이 붙어 있어서 그 이름만 대면 동네에서 '몇 가 몇 번지'라고 하듯이, 그 위치를 정확히 가리킬 수 있도록 되어 있다.

관청이나 회사에 여러 과가 있어 제각기 일을 나누어 담당하듯이, 뇌 속에도 명확한 일의 분담이 있다. 대뇌를 측면에서 보았을 때, 거의 맨 가운데에 꼭대기 근처에서 중심구(中心溝)라고 불리는 도랑이 비스듬히 앞쪽을 향해 나 있다. 이 도랑의 앞에 있는 띠 모양의 부분(中心前回)은 운동야라는 근육운동을 관장하는 곳이다. 반면 중심구의 뒤쪽에 위치한 부분(中心後回)은 피부감각과 근육운동의 감각을 관장하는 체성 감각야이다.

국소마취로 개두수술을 받는 환자의 운동야에 전극을 대고 약한 전류를 보내면 그 장소에 따라 손목이 꿈틀하고 움직이기도 하고, 전극을 좀 더 아래로 내리면 엄지손가락이 움직이기도 한다. 전극을 체성 감각야로 가져가면 전극을 댄 위치에 따라 손목을 만져주는 듯하거나 얼굴을 만져주는 듯한 감각이 느껴진다. 마치 피아노의 건반 하나가 한 가지 소리를 내는 것처럼 뇌의 운동야나 감각야의 한 점은 신체의 일정한 부위와 완전히 대응되어 있다.

모형적으로 뇌의 표면에 그 부분과 대응하는 신체 부위를 순서대로 그려보면, 발이 위에 오고 머리가 아래로 된 도면이 만들어진다. 그런데 이 도면에 나타난 손발 등 신체의 각 부분의 크기는 실제 신체 부분의 크기와는 매우 다른 비율로 되어 있다. 뇌의 운동야에서는 동체가 차지하는 넓이가 손가락 하나를 움직이는 부분의 넓이밖에 안 되며, 체성 감각야에서는 위아래 입술이 차지하는 넓이가 동체와 볼기에 대응하는 부분을 합친 넓이와 같다. 운동야에서는 발성이나 저작과 같은 중요한 일을 관장하는 부분이 특히 넓고, 체성 감각야에서는 혀가 차지하는 부분이 눈에 띄게 넓다.

뇌의 측두엽이라는 부위를 전기로 자극하면, 이전에 들은 노래를 떠올리거나, 전에 본 경치를 생각해 내기도 한다. 또 보고 있는 것이 갑자기 멀어져 작게 느껴지거나 소리가 난데없이 가까이 들려 큰 소리로 느껴지는 경우도 있다. 이 부위는 기억이나 판단의 일을 관장하는 영역이다. 또 이마 안쪽의 전두엽은 창조, 기획, 감정 등의 정신기능을 담당하는 자리라고 한다.

도쿄대학교의 표본실 구석에서 나쓰메 소세키(夏目漱石)[1]의 뇌를 본 일이 있다. 석양의 그늘에 어두워진 진열장 위의 표본병에 붙어 있는 라벨의 이름이 내 발길을 멈추게 했다. 이 뇌의 회구 사이에서 수많은 명작이 탄생했다. 기쁨과 슬픔이 재현되었고, 죽음 바로 직전까지 미완성 소설 『명암』의 줄거리가 어른거렸을 것이다. '則天去私'를 생활의 신조로 삼았던 소세키의 뇌 속에 마지막으로 새겨져, 지금 이 병 속에 고정되어 버린 사색은 어떤 것이었을까. 그 생각을 하며, 그의 명작 『풀베개』를 생각하고, 또 『마음』을 상기했다.

---

1 나쓰메 소세키(1867~1916년): 일본의 영문학자이자 소설가.

내밀한 나

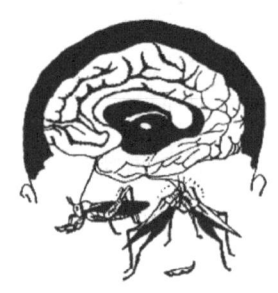

열 살에 네안데르탈인의 뇌의 무게

식과 성과 군거의 본능

하느님을 닮게 만들어진 부분

    화석으로 발견된 인류의 가장 오랜 조상은 지금으로부터 약 70만 년 전에 생존했을 것으로 짐작되는 오스트랄로피테쿠스이다. 그 뇌부피는 평균 550mℓ로서, 유인원의 뇌보다 겨우 100mℓ가 크다. 그런데 약 50만 년 전에 생존했던 자바 원인(原人)의 뇌부피는 900mℓ로 늘었고 다시 약 20만 년 전에 살았던 네안데르탈인은 1,200~1,600mℓ로 증가하여 현대인의 뇌와 비교해서 손색이 없을 만큼 커졌다.

    인간의 뇌는 생후 1개월이면 원숭이의 뇌 무게가 되고, 3개월이면 오스트랄로피테쿠스의 뇌 무게에 해당하며, 11개월이면 자바 원인 수준에, 열 살 무렵에는 대략 네안데르탈인의 뇌 무게에 필적하게 된다.

유리공이 가느다란 관 끝에 말랑말랑한 유리액체를 붙여 불고 다듬는 동안에 훌륭한 형태를 만들어 내듯, 처음에는 단순한 하나의 신경관이었던 태아의 뇌도 발육함에 따라 차례차례로 뇌의 중요한 부분이 생기고 복잡한 구조가 된다. 그러나 인간 태아의 뇌는 태어날 때조차도 어떤 동물의 뇌보다도 미완성 상태이며, 설령 만삭으로 태어나도 뇌의 완성 정도로 보면 모두 조산아라 할 수 있다.

대뇌의 피질은 구조와 기능이 매우 다른 세 가지 부분으로 이루어져 있다. 그중에서 고피질과 구피질은 계통발생적으로도 개체발생적으로도 일찍부터 발달한 부분이다. 발생 초기에는 이 부분이 표면에 드러나 있으나, 신피질이 뒤늦게 점점 발달하면서, 낡은 부분은 대뇌반구의 바닥이나 안쪽으로 밀려나거나 속으로 들어가 버리고 만다. 구피질(梨狀葉)과 고피질(海馬와 齒狀回), 그리고 시상하부 및 편도핵과 중격핵을 합쳐 대뇌변연계라고 부른다.

대뇌변연계는 냄새, 통증, 내장감각과 같은 원시감각을 느끼고, 식욕과 성욕과 군거의 본능을 영위한다고 생각되고 있다. 따라서 고등한 정신기능을 갖추지 못한 하등동물의 뇌일수록 이 변연계가 뇌 속에서 큰 비율을 차지한다. 본능의 욕구가 채워지면 쾌감을 느끼고, 채워지지 않으면 불쾌를 느끼며, 나아가 분노를 터뜨리는 것도 변연계의 기능이다. 베르그송의 '내밀(內密)한 나', 프로이트의 '심층의 마음'은 이곳에 깃들어 있을지도 모른다.

자율신경의 기능과 호르몬 분비의 조절은 신체를 원활하게 작동시키고 생명을 쾌적하게 유지하기 위한 2대 쌍벽이다. 이 두 가지 중요기능과 함께 내장의 기능도 시상하부를 중개로 하여 변연계에 의해 감시되고 통제된다. 즉 변연계는 동물로서의 인간의 마음과 생명을 관리하는 기관이며, 고상한 정신기능을 관장하는 '하느님을 닮게 만들어진' 부분인 신피질계의 감독을 받으면서 공존하고 있다. 알코올이 함유된 음료를 지나치게 마시면, 우선 신피질이 마비되어 변연계를 감독하던 힘이 이완되어 마치 선생님이 없는 초등학교 자습 시간처럼 변연계의 수성(獸性)이 노출된다. 소크라테스는 인간이란 '이성을 가진 동물'이라고 했는데, 이 말은 '신피질을 지니고 변연계로 생명을 보존하고 있는 생물'이라고도 번역할 수 있다.

지·정·의의 무대

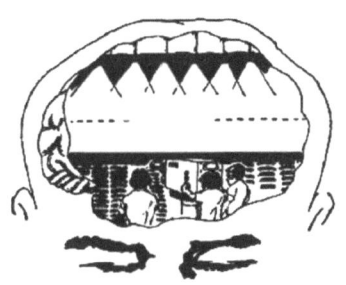

프로듀서는 자아의식

신은 심장에 얼은 간에

정신작용의 국재론

민족의식이라든지 문제의식 등, 의학 이외의 분야에서도 의식이라는 말은 잘 쓰이지만, 의학에서 사용되는 의식이라는 용어는 정의를 내리기가 결코 쉬운 일은 아니다. 의학적으로는 "의식이란 현재 순간에서의 정신 활동의 전체이다"라고 정의되기도 한다.

비근한 예로 들자면 무대와 프로듀서, 그리고 조명계 이렇게 삼자의 구성으로 의식을 비유할 수 있다.

무대 위에서 난무하는 지(知)·정(情)·의(意) 삼파전의 연기에 조명계는 와이드, 스포트 조명을 구사한다. 한 사람의 주역에게 스포트라이트가 비춰지면, 거기만 밝게 강조되고 다른 곳은 어두워져 보이지 않게 된다. 한

가지 일에 열중하고 있는 상태이다. 조명 전체가 어두워지면 비디오도 찍을 수 없고, 프로듀서조차 무대 전체를 볼 수 없게 된다. 가벼운 경우는 의식혼탁이며, 심한 경우는 의식을 상실하는 상태라 할 수 있다.

프로듀서는 무대를 제3자의 입장에서 바라볼 수 있는 의식 팀 가운데 유일한 사람이다. TV 문화의 소모품처럼 여겨지는 프로듀서의 임무는 무대 위에서의 연극의 진행, 카메라의 앵글, 그리고 영상을 기록하는 비디오까지 신경을 써야 하므로 바쁘기 이를 데 없다. 의식의 안을 바라보는 프로듀서는 자아의식이지만 의식 전체 중에서 통일성 있는 활동이 이루어지고, 기억이 정확하게 행해지도록 분주한 역할을 수행하고 있다.

신은 심장에, 얼은 간에, 정(精)은 신에, 기맥은 폐에, 뜻은 비장에 깃든다고 생각하는 음양오행설에서는 뇌가 나설 자리가 없다. 분명히 히포크라테스는 그의 『전집』 속에서 정신의 자리가 뇌라고 명시했지만, 정신작용의 대뇌피질 국재론이 확립되기 시작한 것은 18세기 후엽부터이다.

요컨대, 의식은 어떠한 구조 위에 성립된 것일까? 조용한 방에서 쉬면서 신문을 볼 때도 눈은 말할 것도 없고 눈코 따위의 오관 감각, 거기에 몸의 평형을 유지하기 위한 근육이나 관절 등 신체의 구석구석에서 서울 시내의 전화를 전부 한꺼번에 거는 것보다 더 많은 수의 정보가 감각신경 경로를 따라 뇌를 향해 요란스럽게 보내진다.

이처럼 소란스럽기 짝이 없는 정보의 자극이 여러 갈래의 길을 통해 뇌간의 중심부에 있는 망양체에 보내져 이곳이 마구 깨어나게 된다. 그리하여 이 망양체가 깨어나면 여기서부터 두 개의 신경로를 통해 대뇌피질로 향해 의식형성을 위한 호출이 이루어진다. 하나는 시상이라는 중계소를 지나고, 다른 하나는 돌지 않고 곧장 피질 쪽으로 간다. 중계소를 지나는 쪽은 스포트라이트 담당으로 주의 집중에 관여하고, 돌지 않고 곧장 가는 쪽은 조명을 지속적으로 밝게 점등하는 담당자이다. 무대가 밝아지고 거기에 프로듀서가 나타나면, 여기에 의식이 성립되고, 지·정·의의 무대 연기를 기다리기만 하면 되는 것이다.

심층심리학에서 말하는 '무의식'은 억압된 원망이 숨어 있는 곳을 의미한다. 이것은 프로듀서가 없는 깜깜한 나락에서 꿈틀거리며, 무대 위에서도 불가사의한 영향력을 발휘한다.

수다는 여기에서 시작된다

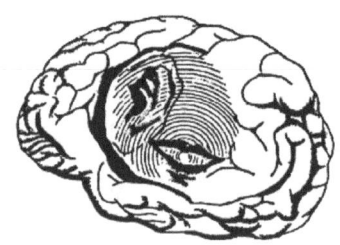

말할 수 없는 두 가지 형
언어야는 좌반구에
정서적인 언어, 지적인 언어

　1860년경, 프랑스의 의사 브로카는 21년이나 전부터 '땅'이라는 음이 외에는 말할 수 없는 환자를 진찰했다. 당시에는 사람이 사색하거나 말을 한다는 것이 신체의 어느 부위의 기능에 의한 것인지 아직 분명치 않았던 시기였다. 이 환자가 사망한 후 브로카는 그의 시신을 자세히 조사하여 대뇌 좌반구의 제3전두회의 후반부가 손상되어 있음을 발견했다.

　점점 연구가 진행되면서 똑같이 말하지 못하는 환자라도 두 가지 경우가 있음이 밝혀졌다. 하나는 브로카가 본 형태로서, 어떤 말을 하려고 해도 발성기계에는 고장이 없는데도 '목소리를 조립해서 말로 만들 수가 없기' 때문에 말할 수 없는 경우이다. 이것을 운동성 실어증이라고 부른다.

또 하나의 형태는, 귀는 잘 들리고 말이 뇌 속에까지 신호로 들어오지만, 그 뜻은 아무리 해도 알 수 없어 '상대방의 말을 이해하지 못하기 때문에 본인도 말할 수 없는' 경우이다. 이것을 감각성 실어증이라고 한다. 그러나 절해의 외딴섬에서 로빈슨 크루소가 처음 프라이데이를 만났을 때처럼, 언어라는 '사물에 대한 부호'가 서로 다르기 때문에 말이 통하지 않는 것과는 다르다.

따라서 말을 하기 위해서는 상대방이 말하는 뜻을 잘 알고, 자기가 말하려는 내용을 음성으로 조립할 필요가 있다. 상대방의 말을 이해하기 위한 총본부인 감각성 언어야는 대뇌 좌반구의 청각야를 둘러싼 상측두회와 중측두회의 뒤쪽에 자리 잡고 있다. 말을 음성으로 조립하는 중추인 운동성 언어야는 좌반구의 제3전두회의 후반부에 위치하며, 이 밖에도 좌반구 안쪽의 보족운동야에 제3의 언어야가 있다는 것이 증명되었다.

기묘한 것은 말을 듣는 등의 총본부가 모두 대뇌의 좌반구에 있다는 점이다. 인간은 오른손잡이가 많은데 오른손잡이의 사람은 언어야가 왼쪽에 있다고 생각되기도 한다. 70만 년경, 오스트랄로피테쿠스 등의 화석인류가 사냥에서 잡은 짐승이나, 라스코 동굴 벽화에 손 모양을 남긴 크로마뇽을 보아도 대부분이 오른손잡이였음을 알 수 있다.

그러나 뇌종양 때문에 수술로 왼쪽 또는 오른쪽의 언어야에 해당하는 부분을 제거한 환자에 대한 관찰에서 오른손잡이, 왼손잡이에 관계없이 언어야는 좌반구에 있다는 것이 확인되었다.

우리가 말하는 언어를 분류하여 기본적인 생명활동에 밀착한 '정서적인 것'과 고급한 정신활동의 상징으로서의 '지적인 것'으로 나눌 때가 있다. 이 두 가지가 얽혀 일상 언어가 구성된다.

    10대들이 열광하는 유행가를 들으면 지적인 말의 흐름보다는 감정의 부르짖음이라고 할 만한 음성의 함유량이 점점 더 많아지는 경향을 느낀다. 새로운 세대의 지적 발달과 정서적 발달 사이의 불균형이 이러한 기호를 만드는 원인의 하나일 것이다.

뇌로부터의 전기의 물결

전기가오리의 진통제

뇌의 활동상태에 따라서 변하는 뇌파

아인슈타인의 뇌파

남부 이탈리아에 있는 폼페이 시가 베수비오 화산의 대폭발로 화산재에 파묻혀 폐허가 된 것은 서기 79년 8월의 일이었다. 이 폼페이의 폐허에서 발굴된 약종상의 간판에는 지중해에서 잡히는 전기가오리가 그려져 있다. 기록에 따르면, 심한 두통이나 분만 시의 아픔을 없애기 위해 전기가오리를 머리에 감아 실신시키는 일이 행해졌던 것 같다.

전기가오리는 전기뱀장어, 전기메기와 같은 민물 생물에 비해 발생전압은 훨씬 낮지만 머리에 직접 대면 실신시킬 정도의 전기를 발생시킨다. 보통 동물의 몸속에서도 근육이 수축하거나 신경조직이 자극될 때 전류가 흐른다.

수술로 노출시킨 토끼의 뇌 표면에 전극을 대고 예민한 전류계에 연결, 활동 중인 뇌세포가 전기를 발생한다는 것을 증명한 사람은 영국의 생리학자 케이튼으로 1875년의 일이었다. 발생한 전기의 변화는 기록계에 톱니 모양으로 그려졌고, 이것이 뇌파이다.

사람의 뇌파를 조사하는 경우, 일일이 수술로 두개골을 절개할 수 없으므로 머리 위에 전극을 대고 계측한다. 그러면 전압의 변화는 1만분의 1V 이하로 작은 수치가 되지만, 뇌파계로 증폭하면 기록할 수 있는 정도가 된다.

머리껍질 밖에서 조사할 수 있는 뇌파는 전극 밑에 있는 뇌의 신피질 표면에서 3~4cm 이내의 부분에서 일어나는 변화에 한정된다. 신피질이 충분히 발달하지 않은 유아의 경우에는 뇌파의 톱니 높이가 낮고 톱니도 드문드문한데, 나이가 많아짐에 따라 톱니의 높이는 커지고 수도 많아진다. 뇌파의 형태는 깨어 있을 때와 잠들었을 때가 다르며, 편안한 기분일 때와 정신활동이 왕성하게 일어나고 있을 때는 분명히 다른 형태가 된다. 눈을 감고 안정된 정신상태일 때는 30~60μV(1μV는 1V의 100만분의 1), 8~13Hz라는 파형이 나타나지만, 무언가를 보거나 열심히 사고할 경우에는 더 빠른 파형이 나온다. 반대로 수면이 깊어지면 깊어질수록 파형은 늦어진다.

아인슈타인 박사의 뇌파 기록을 본 적이 있다. 뇌파를 측정하면서 박사에게 어려운 이론을 생각하도록 요청한 부분에 표시가 되어 있었다. 그 사이 약 5초, 박사는 상대성이론의 수식을 잠깐 떠올렸는지도 모른다. 또는 통일장 문제를 상기했는지도 모른다. 뇌파의 톱니 파형수가 증가하고, 생물학적인 필연이 뇌파 기록상에 여실히 나타나 있었다. 그것은 극히 평범한 시민에게 암산을 시켰을 때의 뇌파와 거의 변함이 없었다. 복잡한 전기회로를 자랑하는 뇌파계로 굉장한 증폭을 하고, 뇌 그 자체의 기능을 파악한 것처럼 보이는 뇌파로도 사고나 사상을 '형이하(形而下)'의 현상으로 완전하게 포착하는 것은 달나라에 가는 일보다 더 먼 미래의 일일지도 모른다.

은연한 실력자

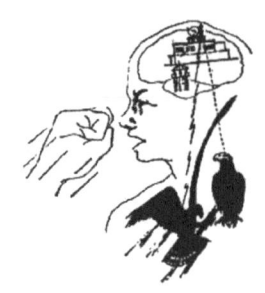

신체 속의 전쟁과 평화

하극상(下剋上)

생기의 출처

산속을 걷던 사람이 갑자기 곰을 만났다고 하자. 얼굴이 창백해지고 가슴은 방망이질한다. 얼굴이 새파랗게 되는 것은 피부의 혈관이 오그라들기 때문이다. 그 대신 뇌나 심장의 혈관이 확장되어 혈액이 많이 흘러들어가고, 손발을 움직이는 근육에는 다가올 싸움을 위해 혈액의 공급이 증가한다. 심장의 박동이 증가하는 것은 장기와 조직의 100퍼센트 가동에 대비해 혈액공급량을 늘리기 때문이다. 호흡은 빨라지고 깊어지며 기관지는 굵게 확장된다. 다량의 공기가 폐를 드나들며 산소를 다량으로 섭취할 태세가 마련된다. 눈동자는 크게 열려 적을 잘 볼 수 있게 된다. 그 대신 위장이나 담낭이라든가 방광 따위의 급하지 않은 장기의 기능은 전시중의 평화산업처럼 냉대를 받게 된다. 모든 전시체제는 교감신경이라는 자율신경계 가운데 국방장관 역할을 하는 신경의 활동에 의해 단번에 이루어진다.

전시 긴급태세와는 반대로 평화적, 비축적인 면은 부교감신경에 의해 주재된다. 부교감신경이 활동하기 시작하면 눈동자는 작아지고, 자극적인 광선이 눈 속에 너무 들어오지 않도록 조절된다. 심장은 천천히 조용하게 움직이며 에너지를 과잉소비하지 않는다. 호흡은 느려져 휴식상태에 적합한 조용한 움직임이 되고, 위장은 활기차게 활동을 시작한다. 생식의 영위도 부교감신경의 지배 아래에 있다.

즉 신체 속의 전쟁과 평화는 교감신경계가 활약하기 시작하느냐 않느냐에 달려 있다. 신체의 최고사령부인 대뇌가 일단 비상사태를 선언해 버리면 그다음은 대뇌의 지배 밖에서 자율신경계가 매우 전제적인 활동을 하며, '하극상'의 상태로 돌입하게 된다.

신체라는 하나의 회사는 사장의 명령을 고분고분하게 듣지 않는 자율신경계라는 노동조합과 같은 하부조직에 의해 완전히 그 기능이 제어되고 있는 셈이다. 자율신경계 가운데서는 시상하부가 우선 '지구노조'와 같은 존재인데, 그 위에는 '중앙본부'가 있다. 내장뇌라고 불리는 대뇌변연계이다. 이곳이 시상하부를 통제, 조정하고 여기서 정신현상과 정치절충하여 자율신경계가 영향을 받는다.

자율신경계를 가정에 비유한다면 교감신경은 '가장'이고 부교감신경은 '주부'이다. 그리고 가정의 경우와 마찬가지로 활동의 터전은 부교감신경계가 영위하고, 가장은 대청소 때 무거운 것을 들 때에 동원되거나, 가정 내의 행사에 악센트를 붙이는 역할을 하는데, 그것이 바로 교감신경이다.

또 승마로 말하자면 고삐가 부교감신경의 통제이며, 채찍이 교감신경의 악센트이다. '생기가 넘쳐흐르는' 젊은이라고 할 때의 '생기'는 부교감신경계의 활발한 활동에서 유래한다.

한의학에는 예로부터 음양학이란 것이 있어서 병이나 약에 음양의 구별을 붙여 병인론이나 약효 등을 이 둘의 대립된 존재에 의해 설명한다. 이것들을 교감신경과 부교감신경의 대립과 함께 생각해 보면 흥미롭다.

대창고에 정돈된 지혜주머니

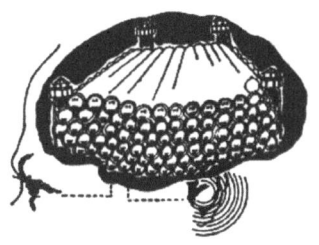

기억항목 15조

이틀째에 60퍼센트를 잊는다.

머릿속에 회로가 생긴다.

눈을 뜨고 있을 때, 5관을 통해 인간의 뇌 속으로 들어오는 신호는 막대한 수에 달한다. 이 신호는 즉시 분석되어 중요한 것만이 기억의 창고에 소장된다.

이 기억 창고에 들어가는 항목의 수는, 70세의 수명을 가지고 계속 활동한 사람은 15조에 달한다고 한다. 한 사람의 기억 창고에는 전국의 전당포의 물건을 전부 모은 것보다도 더 많은 가지각색의 물건이 가득 차 있다. 그리고 가장 놀라운 것은 그 분류관리가 완벽하다는 점이다.

몇 해 전의 언제쯤 있었던 일이라고 생각하기만 해도 그 엄청나게 많은 기억 중에서 아무리 곰팡이 슨 기억이라도 즉각 떠오른다. 다만, 유질품 모양으로 소장해 둔 줄 알았던 물건이 창고 속에서 자취를 감추는 일도 드물지는 않지만…….

무의미한 글자를 기억시키고, 그것이 얼마 후에 기억의 창고에서 사라지는지를 조사한 심리학자의 연구에 따르면, 이틀째에 기억한 것의 60퍼센트를 잊어버리고 그 뒤로는 천천히 잊혀지며, 1개월이 지나도 79퍼센트 이상은 잊어버리지 않는다고 한다. 라흐마니노프는 대곡이라도 단 한 번 듣기만 하면 기억하여 곧바로 피아노로 연주할 수 있었다고 하며, 나폴레옹이 전략상의 요충지를 기억하는 능력은 신기에 가까웠다고 전해진다. 학창시절 암기과목의 시험 때를 생각해 보아도 기억능력은 확실히 사람마다 다르다.

국소마취로 뇌를 수술한 환자의 측두엽 부분에 가는 전극을 대고 전류를 보내서 자극하면, 이전에 들었던 노래가 들려오거나 본 적이 있는 경치가 생생하게 떠오른다고 한다.

판단야라 불리는 측두엽이나 해마를 중심으로 한 영역에 기억 창고가 있는 것으로 보인다.

기억 창고에 기억해야 할 사항이 반입되면 신경세포 상호 간에 그 기억 사항에 관한 신호를 돌리는 특별한 회로가 만들어져서, 다음에 기억을 상기하려고 할 때, 마치 테이프 레코더처럼 그 회로 속을 기억했을 때와 같은 형태로 신호가 회전하여 기록했을 때의 모양을 재현한다고 한다.

또 학습에 의해 기억이 늘어나는 신경세포에서는 화학분석으로 리보핵산이 증가한다는 것이 확인되었기 때문에, 하나하나의 신경세포 세포질 내의 단백질에 흔적이 남아 세포 단위로 기억이 일어난다고도 한다.

    인류의 오늘을 가져오게 한 과학의 발달은 다른 동물에서 올 수 없는 인류의 **훌륭한** 기억에 연유된다. 넋을 난도질당하는 슬픈 사랑이나 복수의 이야기도 결국은 마음에 깊이 못 박혀 사라지지 않는 기억이 원동력이 된다. 원한, 고통, 신산 등의 즐겁지 않은 기억은 기억 창고의 창으로부터 허공을 향해 던져버릴 수 있고, 즐거운 기억만을 따뜻하게 간직해 둘 수 있다면 인간은 좀 더 행복한 동물이 될 텐데……..

인생 3분의 1 길이의 휴식

단면 4일로 KO

수면의 경과에 세 가지 형

나쁜 사람일수록 잘 잔다.

대체로 뇌를 가진 동물은 모두 잠을 잔다. 잠은 식욕과 마찬가지로 어쨌든 충족되어야 할 본능적인 욕구이다.

잠을 잘 수 없는 것은 굶는 것 이상으로 고통스럽다. 옛 중국이나 프랑스에서는 사람을 쉬지 않고 간지럽히거나 괴롭히고, 끓는 기름을 끼얹어 잠을 못 자게 하는 방식이 고문의 수단으로 쓰였다고 한다.

제2차 세계대전 중에 미국에서는 수백 명의 병사가 참가한 대규모 단면실험이 실시되었다. 잠을 자지 못한 지 2~3일째부터 신경질적으로 변하고, 기억력이 떨어지며 착각이나 환각 증상이 나타났고, 나흘째 되는 날에는 거의 모두가 실험에서 탈락했다. 실험이 끝난 후 정밀검사를 했더니 육체적으로 이상이 나타난 사람은 없었고, 정신상태의 이상은 하룻밤 푹 자더니 완전히 회복되었다. 다만, 두 명의 피검자만은 그 후 몇 해 동안 정신이상으로 고생했다 한다.

오래전 그리스에서는 죽음의 신의 동생이 잠의 신이어서 "잠과 죽음은 어두운 밤에 태어난 무서운 쌍둥이"라고 했다. 사람의 영혼이 몸에서 몰래 빠져나가면 잠이 오고, 영혼이 영원히 떠나면 죽는다고 생각했다.

현재까지도 동물이 왜 자는지 확실히 밝혀지지 않았다. 대뇌의 혈액순환이 나빠지기 때문이라든가, 뇌세포의 수상돌기가 오그라든다든가, 그리아 세포가 시냅스 사이에 파고 들어가 시냅스 전달을 방해하기 때문이라고도 한다. 파블로프는 대뇌피질의 어떤 장소에 일어난 '보호억제'가 대뇌피질 전체에 퍼지기 때문이라고 생각했다. 또 특수한 피로물질이 쌓이기 때문이라고 생각하는 학자도 있었으나, 머리는 따로나 몸이 하나인 여자 샴쌍둥이를 조사한 결과, 이 생각이 틀렸음이 증명되었다. 쌍둥이의 한 명이 자고 있을 때, 다른 아이는 누운 채 눈을 뜨고 깨어 있었다.

자는 시간의 길이는 사람에 따라 몹시 다르다. 나폴레옹처럼 3시간으로 충분한 사람도 있고, 10시간을 자고도 아직 부족하다는 사람도 있다. 결국 필요한 것은 자는 시간과 수면의 깊이라는 두 가지 수치에서 계산되는 '수면의 양'이다. 즉 수면시간뿐만이 아니라 잠들기 시작한 후 어느 정도의 깊이로 수면이 경과하는지가 중요하다는 것이다.

수면의 깊이 변화에는 세 가지 형태가 있다. 잠이 든 다음 1시간쯤 지나면 가장 깊은 잠에 빠졌다가, 그 후 점차로 얕아지는 건강한 형태가 하나, 자긴 해도 좀처럼 깊은 잠이 들지 않고 날이 환하게 밝을 무렵에야 잠이 좀 깊어지는 도시의 신경질적인 샐러리맨 등에서 흔히 보는 형태가 하나, 그리고 이 두 가지의 중간 형태, 이렇게 세 가지이다.

나쁜 사람일수록 잘 잔다는 속설의 의학적 근거는 분명하지 않으나, 좋든 나쁘든 철저하고 매사에 망설임이 없는 사람은 위선이나 위악으로 중공에 떠 있는 군상들에 비해 수면을 방해하는 '걱정'이 적다는 것일까…….

경험의 조각으로 만들어진 색유리 무늬

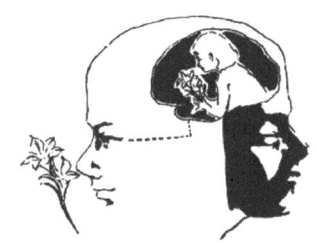

꿈을 안 꾼 네로황제

꿈과 뇌파

꿈과 신비적인 계시

경험이 풍부한 사냥꾼은 사냥개가 자는 모습을 보고, 지금 토끼를 모는 꿈을 꾸고 있는지, 여우 사냥 꿈을 꾸는지를 알아맞힐 수 있다고 한다. 생후 6주일만 지나면 갓난아기는 자면서 웃기도 하며, 혀를 쩍쩍하고 소리를 내기도 한다.

로마의 폭군 네로는 꿈을 전혀 꾸지 않았다고 전해지며, 세르반테스의 『돈키호테』의 하인 뚱뚱보 산초도 꿈을 꾸지 않는 인물로 묘사되어 있다. 생 도우니처럼 잠은 반드시 꿈을 동반한다고 주장하는 사람도 있으나 100명 가운데 5명은 전혀 꿈을 꾸지 않는다는 통계를 낸 학자도 있다.

자는 사람의 뇌파에는 특수하고 완만하게 기복하는 파형이 그려지는 것이 일반적이다. 그런데 자는데도 불구하고 깨어 있을 때와 같은 뇌파가 때때로 나타난다. 이때 동시에 심장의 박동이나 호흡이 빨라진다든가, 안구운동이나 얼굴, 손발에 작은 운동이 일어나기도 한다. 이를 부활수면(賦活睡眠) 또는 역설수면(逆說睡眠)이라고 한다. 이 상태는 몇 시간의 수면 동안에 누구나 3~4회 나타나는데, 길 때는 1시간 가까이 계속된다. 뇌파에 부활수면의 패턴이 나타났을 때 그 사람을 깨워보면 열 명 중에 여덟 명은 꿈을 꾸고 있었다고 대답한다. 그러나 부활수면 형태의 뇌파가 나오지 않았을 때 깨워서 물어보면 꿈을 꾸었다는 사람은 겨우 7퍼센트에 지나지 않는다. 그러고 보면 부활수면은 꿈을 꾸는 상태라고 할 수 있을 것이다.

자는 사람의 손을 살짝 따뜻하게 해주면 그 사람은 불 속을 걷는 꿈을 꾼다고 2,300년이나 전 아리스토텔레스가 책에 썼다. 잘 때 가슴을 압박당하면 무서운 꿈을 꾼다든가, 추위·더위·냄새나 소리가 그와 관련된 '인공적'인 꿈을 유발하는 수가 있다. "꿈은 오장육부의 피로에서 온다"고 예로부터 일컬어지는데, 내장으로부터 대뇌변연계로 보내지는 신호가 꿈의 발생에 상당한 영향을 주는 것 같다. 꿈이 과거의 인상 재현이었다든지, 정서의 여파 번안(飜案)이라는 것, 그리고 해마회(海馬回)가 기억 창고의 소재지이며, 정서가 대뇌변연계의 소관인 것을 생각하면 대뇌변연계가 꿈의 발현에 큰 역할을 한다는 것을 상상할 수 있다.

꿈의 내용은 시간과 공간을 초월한 비윤리적, 비사회적인 성질이 강한데, 마음의 밑바닥에 있는 소원, 소망이나 욕구가 꿈속에서 대상적으로 이루어지는 형태의 것이 많다. 그중에서도 성적 욕구가 꿈의 중요한 원인이라고 프로이트는 강조했다. "꿈자리가 사납다"고 하여 여행이나 행사를 중지하는 경향이 지금도 꽤 있는 것 같다. 마케도니아의 알렉산드로스 대왕은 꿈점의 판정에 따라 대승리를 가져왔다고 하며, 근세에 와서는 멘델레예프가 꿈속에서 원소주기율표를 완성했다고 하며, 꿈의 내용에 신비적인 계시를 믿는 사람들이 있다.

그러나 자세한 분석에 따르면 꿈의 내용은 본인이 의식 또는 무의식 사이에 경험한 일에 전적으로 의존한다고 한다. 꿈의 세계에서도 뿌리지 않은 씨는 자라지 않는다.

2장

감각

표정이 있는 비디오 카메라

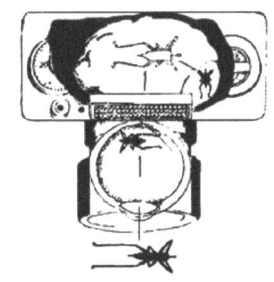

눈으로는 보이지만 뜻을 모르는 정신적 장님

두 종류의 시세포

밤에 눈이 보이는 동물

안구의 구조는 카메라와 비슷하다. 눈의 수정체는 카메라의 렌즈에 해당하며, 홍채는 조리개, 안구를 싸고 있는 맥락막은 새까맣고 어두운 카메라의 안쪽에 해당한다. 필름에 해당하는 곳에는 광선을 감광하는 망막이라는 세포층이 있다. 수정체는 렌즈의 형태를 한 투명한 주머니에 액체가 차 있는 것이다. 수정체의 이 주머니는 주위의 친씨대로 잡아당겨지고, 모양근이 신축하면 친씨대의 긴장이 변화하여 수정체의 두께가 달라지고, 먼 곳이든 가까운 곳이든 망막 위에 초점이 맞은 영상을 비치도록 무의식 중에 조절된다. 홍채는 EE카메라의 조리개처럼 어두운 곳에서는 넓게 열려 광선을 풍부하게 받아들이고, 밝은 곳에서는 조리개가 작게 조여져 눈

부신 광선이 너무 들어오지 않도록 예민하게 조절된다.

망막 위에 맺힌 도상의 형태에 따라 그 부위에는 신경을 통할 수 있는 형태의 흥분이 형성된다. 이 흥분은 우선 시신경을 지나 제1시중추와 시방사를 거쳐 뇌의 후두엽의 시각중추에 도달한다. 그러나 보는 물건이 어떤 것인가를 알기 위해서는 그 영상이 다시 시각성 기억중추로 보내져 분석되고, 그 이전에 눈을 통해 받아들여졌던 기억과 대조되어야 한다. 이 두 가지 중추 사이의 연락이 부상이나 질병 때문에 단절되면 눈에는 보이지만 그것이 무엇인지 모르는 이른바 '정신적 장님'이 되어버린다. 말하자면 눈에 비치는 것은 광선과 색채의 단편에 지나지 않으며, 보는 것은 눈이 아니라 그 배후에 있는 뇌다. 바로 "마음이 여기에 있지 않으면 보아도 보이지 않는다"가 되는 셈이다.

망막에는 원추체와 간체라고 불리는 두 종류의 시세포가 있다. 원추체는 대낮의 밝은 광선과 색채를 감각하는 세포이고, 간체는 황혼이나 달빛 아래 어두컴컴한 광선을 감각하지만 대낮의 밝은 빛이나 색은 감각하지 못한다. 지구상에서 가장 훌륭한 눈을 가진 동물은 조류이며, 그 대부분은 원추체만으로 된 망막을 가졌다. 그 때문에 사람의 눈으로는 1m 떨어져 간신히 보일 정도의 조그마한 종자(씨)를 낮에는 100m의 거리에서 똑똑히 보는데, 저녁부터 밤까지 걸쳐서는 완전히 장님이 된다. 인간도 비타민 A가 결핍되면 간체가 기능을 발휘하지 못하게 되므로 밤에 잘 보이지 않는 야맹증에 걸리게 된다. 새 중에서도 '올빼미', '수리부엉이' 따위와 '박쥐', '살쾡이' 등은 반대로 간체밖에 가지고 있지 않기 때문에 대낮의 광선으로는 눈이 부셔 보지 못하지만, 밤의 어두운 빛에서는 오히려 잘 보여 주로 밤에 활약한다.

색맹은 유전적인 원추체의 발육부전이라고 생각되며, 성결합 열성유전의 형태로 유전한다. 일본에서는 남자의 4.5퍼센트, 여자의 0.2퍼센트가 색맹이다.

멜빌의 『백경(白鯨)』을 영화화한 작품 중에는 고래 모비딕의 눈을 클로즈업한 장면이 있는데, 동물도 눈만으로 훌륭하게 표정이 나올 수 있구나 하고 경탄했다. 보기 위한 눈만이 아니고, 입 못지않게 말을 하는 눈의 움직임도 잊어서는 안 될 것이다.

그 불가사의

보고서 보일 때까지의 시간
눈이 움직이기 시작하는 순간은 장님
의식하에 본다.

눈의 망막에 비친 영상은 시신경을 지나 제1시중추와 시방사를 거쳐 뇌의 후두엽의 시각중추, 다시 시각성 기억중추에 보내져서 비로소 보는 것이 무엇인지를 이해할 수 있게 된다. 관청에서 서류가 며칠 걸려 결재를 받는 것처럼 복잡한 절차이다. 신경 속에 보내지는 신호는 상당히 빠르지만, 신경세포를 옮길 때 약간 시간이 걸리므로 신호가 머릿속의 이 코스를 더듬는 데 약간의 시간이 걸린다.

예를 들면 계시원이 경기의 타임을 잴 때를 생각해 보자. 피스톨이 울리자 선수들은 일제히 뛰기 시작한다. 계시원은 골라인에 자리 잡고, 출발의 피스톨 연기를 '눈으로 보고', 스톱워치를 누른다. 그리고 골라인 위에

친 테이프에 선수 몸통의 일부가 닿는 순간을 '눈으로 보고' 스톱워치를 누르고 시간을 읽는다. 0.1초의 차를 다투는 경기인 경우 이 시자극이 뇌 속을 통과하는 시간도 문제가 된다.

영상이 눈에 비친 다음 뇌 속을 지나 그것이 지각될 때까지의 시간은 대상이 어둡고 움직임이 늦을수록 길어지는데 최단 0.04초, 최장 0.3초나 걸리며, 어린이나 노인은 청장년보다 늦고 여자는 남자보다 늦다. 야구에서 배팅이 맞는지, 검도에서 상대방보다 한순간 빨리 그 움직임을 알아차릴 수 있을지 어떨지 등 스포츠 기술의 차이는 이 눈 동작의 개인차가 중대한 의미를 갖게 된다.

거울에 비친 자신의 한쪽 눈으로 반대쪽 눈을 지켜보면서 눈을 좌우로 움직여 보아도 결코 자기 눈의 움직임은 보이지 않는다. 이는 눈이 움직이기 시작하는 순간부터 극히 짧은 시간 동안 장님이 된다는 특성에 의한다. 영화나 TV 카메라가 빨리 움직이면서 영사하면 흐르는 것같이 초점이 맞지 않는 영상이 되는데, 머리를 움직이면서 보아도 물체가 똑똑히 보이는 것은 이 특성 때문이다. 더구나 눈이 움직이기 시작하기 직전에 본 영상이 뇌 속 시각 경로에 남아 잔상이 되기 때문에 이 장님이 되는 순간을 자기는 알지 못한다.

짧은 시간 동안 두 개의 광점이 연속적으로 보이면 두 광점 사이에 연속된 운동을 보는 것 같은 감각이 생긴다. 이 현상을 이용해서 영화가 만들어진다. 그러나 대상을 보는 시간이 0.003~0.006초보다 짧으면 너무 빨라서 대상을 볼 수 없게 된다. 그런데 이처럼 보는 시간이 너무 짧아 자신이 그것을 보았다는 감각을 느끼지 못하는 경우에도, 자신도 모르게 본 것에 의해 의식하의 의지가 상당한 영향을 받는다고 한다.

　미국의 어떤 영화관에서 수십 장면에 한 장면의 비율로 극영화에 "팝콘을 먹읍시다"라는 자막을 몇 장 넣어 영사했더니, 영화를 보는 사람의 눈에는 그 자막이 전혀 보이지 않았는데도 그날의 팝콘 판매액이 평소의 몇 퍼센트나 많았다고 한다. 선거운동이나 폭동의 선동이 이처럼 실행되면 자기도 모르는 사이에 다른 사람의 뜻대로 움직일지도 모른다. 눈에 보이지 않는 만큼 기분 나쁜 이야기이다.

전성관과 천칭

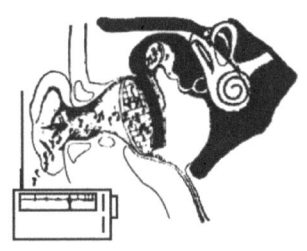

왜 꾸불꾸불한가.

북과는 다른 진동

털 위에 뜬 이석

음은 우선 집음기 역할을 하는 이각(耳殼, 귓바퀴)에 모여 귓구멍에 도달한다. 그다음 2.5cm 정도의 터널인 이도(耳道)를 통과한다. 이도는 꾸불꾸불해서 폭풍 등의 강한 압력을 누그러뜨리고, 입구의 녹채(鹿砦)와 같은 털은 벌레나 먼지의 침입을 막을 뿐만 아니라, 음파를 전반사시켜 전도효과를 높인다.

고막은 마치 북처럼 그 음파에 상응한 모양으로 두들겨져 진동한다. 그러나 북과 크게 다른 점은 고막의 긴장도가 장소에 따라 다르며, 두들겨져도 결코 고막 전체가 진동하지 않고, 또 진동이 계속되어 여운을 남기는 법도 없다.

그런데 고막의 진동은 그 안쪽의 중이(中耳)에 있는 두 개의 조그마한 관절로 연결된 세 개의 작은 뼈(小聽骨)에 전도되며, 마지막 뼈는 난원창이라는 핀 끝만 한 막에 진동을 전달한다. 여기서부터 음의 진동은 내이(內耳)에 도달하여 높이 1cm 미만의 달팽이 모양을 한 기관 속에서 기저막을 진동시킨다. 이곳에서 물리학적인 진동이 신경자극의 형태로 바뀌어 300개의 신경섬유를 통해 뇌로 보내진다.

귀의 또 하나 중요한 기능은 신체의 균형을 잡는 일이다. 내이의 전정부라는 부분에 두 개의 작고 얇은 주머니가 림프액으로 가득 차 있다. 이 림프액 속에 가는 털이 해초처럼 나부끼고, 그 위에 모래 같은 이석(耳石)이 떠 있다. 머리 위치가 중력의 방향에서 조금이라도 벗어나면 이 돌이 털을 잡아당겨 민감하게 그것을 알린다. 이 통지는 뇌 속의 기관을 돌아 목의 근육에 명령을 내리고, 머리를 정상 위치로 돌리려고 하는 무의식의 운동(迷路反射)을 일으킨다.

고양이는 눈을 가리고 높은 곳에서 거꾸로 떨어뜨려도, 낙하하면서 몸을 돌려 바닥에 안전하게 착지한다. 떨어지는 모습을 고속 촬영한 영화로 분석해 보면, 이 미로반사에 의해 머리가 땅 쪽을 향해 빙그르르 돌고, 그 때문에 목이 비틀리고, 비틀어진 목을 원상복귀 시키기 위해 몸뚱이가 잘 회전해서 지상에 닿을 때는 발이 제대로 바닥을 향하게 된다. 고양이에게 있는 이 반사는 사람에게도 마찬가지로 있으며, 훈련을 쌓으면 상당한 정도로 민감해질 수 있다.

이렇게 인간이 중력에 대해 신체의 균형을 바꿀 때는 내이의 작용에 의해 목의 근육을 비롯한 여러 곳의 근육 움직임이 무의식중에 미묘하게 제어되기 때문에, 의식하지 않아도 여러 가지 근육에 긴장의 변화나 움직임이 나타난다. 따라서 이 자연의 근육운동에 역행하는 운동은 약해질 뿐만 아니라 부정확해지기 쉽다.

씨름이나 유도의 기교, 여러 가지 무술, 스케이트의 스핀, 수영의 다이빙의 비결로 전해지는 사항 속에는 목의 자세를 중요시한 것이 많다. 옛 무술가가 애써 짜낸 비전(秘伝)이 인간 자신의 밑바닥에 숨은 이러한 생리학적인 움직임을 달관함으로써 도달할 수 있었다고 하는 것은 흥미로운 일이다.

청소기와 난방기

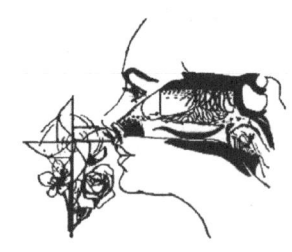

콧속, 세 개의 작은 방

온도에 민감한 코

바람에 나부끼는 코털

　콧구멍(外鼻口) 안쪽의 동공(鼻腔)은 세로로 된 간막이를 경계로 좌우로 갈라진다. 이 좌우로 갈라진 작은 방은 다시 그 바깥쪽의 벽에 붙어 있는 상중하의 세 개 선반(鼻甲介)으로 간막이가 되어 있다. 이 선반은 차가운 공기를 민감하게 느껴서 굵게 확장되는 다수의 가는 혈관으로 둘러싸여 있다. 이렇게 반사적인 혈관확장이 일어나면 따뜻한 혈액이 흘러 들어와서 선반 자체가 두껍게 부풀어 환기구의 입구를 좁히고, 동시에 선반 자체의 온도가 높아져 기관 쪽으로 들어가는 공기를 데우게 된다. 이를테면 비갑개는 대단히 민감하여, 효율이 좋은 자동난방기의 역할을 하고, 온도의 변화에 약한 기관이나 폐를 보호한다.

온도 조절과 함께, 건조한 공기에 습도를 부여하는 것도 코의 역할이다. 하루 평균 1ℓ의 물이 여기서 공기 중으로 방출되어, 빨아들이는 공기에 습도를 부여한다.

비강 속의 간막이 비중격 위쪽 3분의 1과 가운데 선반에 면한 부분의 지름 2cm쯤의 구역에 '냄새'를 감각하는 세포가 모여 후감대를 형성하고 있다. 음식을 먹을 때 연하작용(嚥下作用)에 따라 음식 냄새의 미립자를 함유한 증기가 뒤쪽의 후비강(後鼻口)을 통해 이곳으로 전달되어, 음식을 맛보는 동시에 냄새를 코로 느끼게 된다. 김이나 송이버섯 따위는 특히 그렇지만, 모든 요리의 미묘한 장점은 '냄새' 없이는 맛볼 수 없다. 일본에는 예로부터 '문향'과 같은 수양법이 있었지만, 향수나 간장을 만드는 직공의 경우에는 오랜 세월의 연마를 통해 후각이 놀랄 만큼 고도로 발달해 있다.

코의 또 하나 중요한 기능은 먼지나 세균이 기도의 안쪽으로 침입하는 것을 막는 일이다. 외비구에 거꾸로 서 있는 코털이 대형의 먼지를 막아낸다. 비강에서 기관에 걸쳐 보도벽돌처럼 깔린 점막세포에는 현미경으로 간신히 보이는 섬모라는 털이 바닥에 쭉 돋아 있다. 마치 자랄 대로 자란 벼이삭 위를 바람이 불어갈 때처럼 이 섬모는 1분간 250회쯤의 주기로 기관의 안쪽으로부터 외비구를 향해 언제나 파도치고 있다.

점막세포는 점액을 분비하는데, 이 점액은 마치 얇은 담요처럼 섬모 위를 덮고 있으며, 비강뿐 아니라 후두, 기관, 식도 쪽까지 퍼져 있다. 더구나 놀랄 일은 이 섬모 위의 얇은 담요는 쉴 새 없이 외비구나 구강 쪽으로 이동하여 비강의 경우 20분에 1회의 비율로 전부 새로 바꿔 깔린다. 따라서 비강에 들어온 세균이나 작은 이물은 점액의 얇은 깔개와 함께 몇 분 안에 외비구 부근까지 밀려나와 순식간에 건조되어 코딱지가 되거나 코 푸는 종이에 씻길 운명이 된다.

　이처럼 중요한 기능을 가진 코는 또 얼굴의 한가운데 자리 잡아 미(美)와 추(醜)의 분수령을 이루는 귀중한 포석이 되며, 클레오파트라의 코는 심지어 고대 이집트의 역사조차 바꿔 놓았다고 전해진다.

막막한 심미감각

맛의 단위

온도와 미각

선천적 맛의 시각장애인

시각이나 청각이 미술이나 음악이라는 인간의 문화적 소산의 근원인데 비해, 미각이나 후각은 생리학적으로 원시적이며 낮은 수준의 것이라고 하여 저급감각으로 불린다. 다빈치의 모나리자는 지금도 루브르 미술관의 벽에서 미소 짓고 있으며, 불후의 명작이란 명성을 떨치고 있다. 위대한 작곡가들의 업적도 악보나 레코드에 그 빛나는 전모를 남기고 있다. 그러나 불세출의 요리 명인의 작품일지라도 먹어버리면 그만, 후세에 그 내용 전부를 전할 길이 없다.

음식의 맛은 단맛, 신맛, 쓴맛, 짠맛 등이 합쳐진 것이다. 모든 맛을 이 네 가지 기본적인 맛으로 분해하고, 제각기 공통의 구스트라는 단위로 통계학적으로 평가하여, 종이 위에 표현하려는 시도가 이루어지고 있다. 그러나 많은 혀의 협력을 필요로 하는 복잡한 것으로, 더욱이 음악을 악보로 기록하는것 같은 직접적인 것은 못 된다.

맛은 주로 혀 위에 존재하는 미뢰 속의 미세포(味細胞)에 의해 느껴진다. 물이나 침(타액)에 녹은 음식이 이 미뢰주머니의 입구로 들어와 미세포의 미모를 자극한다. 이 자극은 뇌신경을 거쳐 대뇌의 감각운동령 아래에 있는 미각중추에 전해져 맛으로서의 감각이 완성된다.

짠맛은 혀의 어느 부분에서든지 대체로 같은 정도로 느껴지지만, 쓴맛은 혀의 근부배면에서 특히 잘 느껴지고, 혀의 끝부분은 단맛을, 가숙(辺緣部) 특히 그 전반은 신맛을 잘 느낀다. 브롬사카린을 혀끝으로 맛보면 단맛이 느껴지지만, 설근부(舌根部)로 맛보면 같은 것인데도 쓰게 느껴진다. 단, 매운맛과 떫은맛은 미세포에 관계없이 느껴지는 맛이다.

맛은 그 맛을 함유한 액체의 온도나 다른 맛 성분과 어떤 비율로 섞였는가(대비, 상살)에 따라 달라지며, 냄새, 혀로 느끼는 촉각의 차이 등으로도 퍽 다르게 느껴진다. 또 같은 맛을 오래 맛보면 감각이 피로해져 감도가 낮아지기도 한다. 온도를 예를 들면, 17~40℃ 사이에서 짠맛은 온도가 높을수록 세게 느껴지고, 쓴맛은 37℃ 이상에서 갑자기 세게 느껴진다. 단맛은 35℃에서 가장 둔하게 느껴지고, 그보다 온도가 높든 낮든 잘 느껴진다.

"빈속에는 맛없는 것이 없다"고 하지만, 실제로 전쟁 전후의 식량난 시기에는 심미적인 미각이 퇴화되어 아주 지독한 것들도 그럭저럭 목구멍을 넘어갔다. 또한 맛은 사람에 따라 느낌이 몹시 다르다. 예를 들면 페닐티오카바마이드라는 쓴 약을 아무리 핥아도 전혀 쓴맛을 느끼지 않는 선천적 미맹인이 전인구의 13퍼센트의 비율로 존재한다.

  맛에 대해 까다로운 프랑스에서는 넙치가 귀히 여겨지고, 도미가 경시될 뿐만 아니라, 고기를 먹지 않는 금요일에는 물 좋은 도미나 다랑어가 풍부한데도 통조림 정어리를 즐겨 먹는다. 희소가치나 식습관이 재료 본래의 맛보다 앞서는 것일까? 곰의 발바닥(熊掌), 소꼬리, 성성이의 입술, 심지어 코끼리 발에 이르기까지 맛의 탐구에 모든 재료를 다 섭렵한 것같이 보이는 중국요리에서도 역시 맛은 재료 자체보다 요리인의 마술에 의해 재료에서 비롯되는 것 같다.

피부 위에 분포된 초소

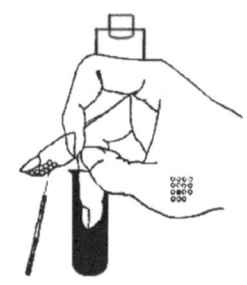

감각의 콤비네이션

속옷을 느끼지 못하는 이유

무게의 변화는 25분의 1 이상이 아니면

피부로 느끼는 감각에는 네 가지 종류가 있다. ① 따뜻한 느낌, ② 찬 느낌, ③ 닿거나 눌리는 느낌, ④ 아픔이다. 이런 느낌이 두 가지 이상 동시에 뒤섞여 느껴지면, 만진 물체가 꺼칠꺼칠하다든가, 매끈매끈하다든가, 마른 느낌이라든가 하는 따위의 감각이 생긴다.

끝이 가는 금속제의 용기에 얼음물이나 더운물을 넣고, 그 끝으로 피부 면을 세밀히 조사해 보면, 차게 느껴지는 곳과 따뜻하게 느껴지는 곳을 발견할 수 있다. 찬 것을 느끼는 냉점은 $1cm^2$의 피부 면에 13~15개 있는데, 따뜻하게 느끼는 온점은 1~2개밖에 없다. 이 냉점, 온점 이외의 장소에서는 차가움도 따뜻함도 전혀 느끼지 못한다.

추울 때는 체표면에서 몸이 식어감으로 냉점이 체표면 가까이 위치하며, 온점은 체온의 분배를 담당하는 혈관망 근처의 약간 깊은 곳에 자리 잡고 있다는 것은 실로 합리적이다.

피부는 현재의 피부 온도를 기준으로 그보다 높을 때 따뜻하게 느끼며, 그보다 낮으면 차게 느낀다.

나무젓가락 끝에 말의 꼬리털 하나를 3cm 정도로 잘라 붙여 피부에 대면, 닿는 것을 잘 느끼는 점과 그것을 전혀 느끼지 못하는 곳이 있다는 것을 알게 된다. 이런 촉점은 1cm²당 6~28개 있으며, 손가락 끝과 혀끝에 특히 많이 분포되어 있다.

접촉하는 시간이 너무 짧으면 감각을 느끼지 못하고, 같은 강도로 오래 접촉해도 익숙해져서 느끼지 못한다. 입고 있는 속옷이 피부에 닿아도 신경이 쓰이지 않는 것은 이러한 익숙해짐 때문이다.

대체로 촉각은 짧고 일시적인 자극에 대응해서 생기지만, 눌리는 느낌(壓覺)은 피부 표면의 형태가 바뀌었을 때만 지속적인 감각으로 느껴진다. 수은은 물보다 13.6배나 무거운 액체이지만, 수은 속에 손가락을 넣으면 눌리는 느낌을 느끼는 것은 수은의 표면뿐이고, 균등하게 압박되는 손가락 끝에는 눌린 느낌이 들지 않는다. 수은 면에 접한 피부 부분만이 눌려 쑥 들어가기 때문에 압박되는 느낌이 드는 것이다. 피부 위에 어떤 무게의 물건을 올려놓으면 압박을 느끼는데, 그 무게의 25분의 1 이상의 무게가 증감하지 않으면 무게의 변화가 느껴지지 않는다. 예를 들면 무게 75g의 물건을 손바닥에 올려놓았을 때 3g 이상 무게가 변하지 않으면 무게의 변화를 느끼지 못한다. 또한 무게 200g의 물건을 올려놓았을 때에 6.4g 이상을 더 얹지 않으면 무게가 더해졌다는 느낌이 안 생긴다. 이것이 감각자극 강도와 식별역에 대한 웨버의 법칙이다.

마치 큰 부자에게는 100만 원이란 돈이 우리 서민의 1,000원쯤으로밖에 느껴지지 않는 것과 마찬가지이다. 단 웨버의 법칙은 그 무게가 너무 무겁거나 너무 가벼우면 성립하지 않는다. 부자의 인색함이 빈자의 일등(一燈)이란, 일반적인 표준에 들어맞지 않는 것과 매한가지이다.

시각장애인의 눈

1만분의 1cm를 아는 손가락 끝

둔감한 등

시각장애인의 세계에 관한 두 가지 설

유리의 표면에 상처를 내서 그것을 손가락 끝으로 만지게 해 보면, 대부분의 사람은 1cm의 1만분의 1 높이의 차이를 구별할 수 있으며, 피부 위를 초속 1mm의 속도로 희미하게 이동하는 물체를 느낄 수 있다.

이 촉감은 훈련에 의해 매우 발달할 수 있다. 숙달된 방앗간(제분업자) 일꾼은 가루를 조금 집어서 손가락 사이에서 비비는 것만으로 가루의 등급을 알아맞히며, 시각장애인 식물학자 존 윌킨슨은 혀에 가볍게 대보고 5,000종 이상의 식물을 구별해 냈다.

우리 주위에도 마작 패의 표면을 손가락으로 가볍게 만지면서 눈 감고 마작을 할 수 있는 '명인'이 있다. 마작 패를 보지 않고 알아보거나 시각장애인이 점자를 읽기 위해서는 손가락 끝에 닿은 두 점이 분명히 다른 두 점으로 느껴지는 것이 우선 필요하다.

보통 사람의 손가락 끝으로는 간격이 2mm 이상 떨어지지 않으면 두 점으로 느껴지지 않는다. 결국 2mm 이내의 두 점은 하나의 점으로밖에 느껴지지 않는 것이다. 등의 피부는 가장 둔감해서 60mm 이상 떨어지지 않으면 두 개의 점을 구별하지 못한다. 가장 민감한 것은 혀끝으로 1mm 간격의 두 점을 분명히 두 점으로 판별할 수 있다. 혀끝으로 접촉했을 때 충치의 구멍이 크게 느껴지는 것도 이 때문이다.

위치가 다른 몇 개의 점을 피부의 촉각으로 '접촉해서 구별'할 수 있기 때문에 눈으로 보지 않아도 물체의 형태나 크기를 판정할 수 있다. 시각도 청각도 언어도 잃었던 헬렌 켈러는 악수의 느낌만으로도 그 사람의 체격에서 성격까지도 알아차렸다고 한다.

태어날 때부터 시각을 잃었거나 3, 4세 이전에 시력을 완전히 상실한 사람들이 어떠한 세계를 가졌는가에 대해서 두 가지 학설이 있다. 하나는 시각장애인의 촉각에 의해 이룩된 공간은 우리의 시공간과 본질적으로 같다는 생각이다. 또 다른 학설은, 시각장애인의 원근감은 하나의 물체에 접촉한 다음 다른 것에 닿을 때까지의 시간의 장단으로서 느끼든가, 하나의 물체에 닿은 다음 다른 어떤 것에 닿을 때까지 접촉한, 몇 개의 물체가 모여 구성하는 전혀 다른 공간이라고 하는 것이다.

어느 쪽이 옳은지 단정짓기는 어렵다. 여러 시각장애인이 만진 코끼리의 모습은 짧은 시간의 탐구로는 정말 지리멸렬하겠지만, 시간을 충분히 들이면 혹시 이럭저럭 사실과 맞는 코끼리의 형태로 정리될지도 모른다. 그러나 구름 한 점 없는 푸른 하늘의 넓이에서 우주를 생각하고, 끝이 없는 망망대해에서 지구의 크기를 생각할 수 있는 눈뜬 사람과 이런 것으로부터 완전히 차단된 눈먼 사람 사이에서 우주나 지구에 대한 생각에는 커다란 차이가 있을 것 같다.

툭하면 이유 없는 반항을 잘하는 청소년이나, 바닥없는 수렁과 같은 시기의 구렁에 빠진 남녀도 인간이나 인생을 보지 못하는 시각장애인과 같은 존재일지도 모른다. 이런 사람들은 눈을 떠 진실한 애정을 정말로 '볼' 수만 있다면, 다른 공간에서 생긴 세계에 들어갈 수 있을 것이다.

심두를 멸각하면 불 또한 서늘하다

아픔의 여러 가지

아픔을 만드는 두 가지 요소

몹시 아프다는 것

    바빌로니아의 기왓장이나 피라미드 건설시대의 파피루스에 아픔에 대한 고뇌가 적힌 것을 보면, 아픔은 인간의 역사가 시작한 이래 쭉 인간의 최대 관심사의 하나였던 것 같다.

    아픔이라는 악령에서 내 몸을 지키기 위해 주문을 외우거나, 문신(文身)을 새기거나, 맹수의 송곳니나 발톱을 몸에 지녔던 것은 당시 사람들의 지혜였다.

    니푸르에서 발견된 바빌로니아 기왓장에 새겨진 진통제에 대한 기록은 기원전 2250년에 쓰인 것으로 알려져 있으며, 기원전 1550년에 쓰인 에버스 파피루스에는 아편을 사용한 진통제의 처방이 적혀 있다.

환자가 의사에게 진찰을 받기로 결심하는 가장 절실하고 결정적인 동기는 아픔이다. 그래서 통증이 없는 병은 자칫하면 시기를 놓치기 쉽다.
　한마디로 아픔이라고 해도 살살 아픈 경우, 찌르듯이 아픈 경우 또는 욱신욱신 쑤시는 경우 등 여러 동통이 있다. 아픔을 느끼는 지각신경 섬유는 굵고 전도속도가 빠른 A-δ섬유와, 가늘고 전도속도가 10분의 1이나 더딘 C섬유 두 가지가 있으며, A-δ섬유로 느끼면 따끔한 동통이 빨리 일어나고 빨리 사라지지만, C섬유의 느낌은 '쑤시는 아픔'으로서 오래간다. 아픔의 원인이 이 두 섬유에 어떻게 영향을 미치는가에 따라 동통의 종류가 여러 가지로 생기는 것 같다.
　아픔은 두 가지 요소가 얽혀 생기는 감각이다.
　우선 동통은 촉각 등과 같이 척수시상로를 거쳐 대뇌지각령에 자극이 보내져 느껴지는 원감각과 그것에 대응해서 생기는 불쾌, 불안, 공포, 그 위에 도피운동, 외침 같은 동통반응의 두 가지 인자가 뒤섞여 생기는 칵테일 같은 것이다.
　동통반응은 원감각으로 인한 흥분이 시상하부에서 대뇌변연계, 그리고 뇌간망양체에서 범성시상투사계의 경로를 통해 퍼져가서 발생하는 것이다. 즉, 원감각은 같아도 반응은 개인에 따라 상당히 다르게 나타난다. 아픔을 잘 참는 사람도 동통계로 재보면, 원감각으로서의 아픔은 같은 정도로 느끼는 수가 많다. 단지 아픔에 반응해서 울고불고하며 떠들지 않을 뿐이다.
　링 위에서는 아무리 맞아도 멀쩡한 프로권투선수가, 치과 병원의 의자

위에서는 갓난애처럼 울며 야단하는 것은 원감각을 받아들이는 데에 개인차 외에도 심리적인 영향이 강하게 나타난다는 증거이다.

    새로운 진통제가 나오면 겉모양은 그 약과 똑같고 알맹이만 녹말로 바꾼 '위약(플라세보)'을 그 진통제와 번갈아 복용시켜 효과를 종합 판정하는 것이 관례이다. 그런데 평균 30퍼센트 이상의 환자는 위약이든 진통제든 마찬가지로 효과가 있다고 대답한다. 그리고 같은 위약이라도 대학병원에서 사용한 쪽이 더 효과가 있었다는 결과가 나오기 쉽다. 효과가 있을 것 같다는 암시가 심리적 영향을 주어 아픔이 멎은 것처럼 느껴지는 것이다. "병은 마음으로부터"라고 예로부터 일컬어지고 있는데 "약의 효험도 마음으로부터"라고 말할 수 있을 것 같다.

3장
순환기계

자동조종기가 달린 근육펌프

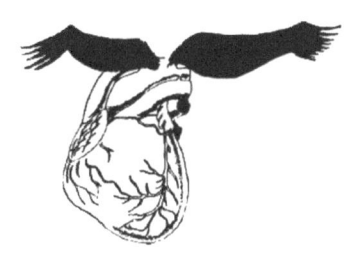

수리하지 않은 채 25억 회나 박동

심장만으로도 박동

아프지도 가렵지도 않은 심장

심장은 근육으로 된 펌프이다. 심장의 근육은 위나 장을 움직이는 평활근과 마찬가지로 자기 의지로 멎게 하거나 움직일 수 없는 근육이다. 손발을 움직이기 위한 골격근은 근섬유에 횡문이 있어서 자기 마음대로 빠르게도 느리게도 움직일 수 있다. 그런데 불수의근인 심장의 근육에도 횡문이 있다.

평활근은 가정의 주부처럼 단조로운 일을 싫증 내지 않고 끈질기게 되풀이하는 데에 절대적인 강인함을 발휘한다. 거기에 비하면 횡문근은 대청소 때나 일을 거드는 남편처럼 부탁받았을 때만 부인이 못 드는 무거운 것을 옮기지만 쉽게 피로해지고 끈기가 없다.

심장 근육은 평활근과 횡문근의 장점을 겸비하여, 평활근보다 빠른 운동을 끈질기게 되풀이할 수 있다.

심장은 24시간 동안 활동하기 때문에 다량의 산소와 에너지원을 필요로 한다. 산소와 에너지원은 모두 혈액으로 운반되나, 심장에 출입하는 혈액에서 닥치는 대로 그것들을 빼앗지는 않는다. 은행에서는 매일 몇 억이라는 돈이 출납되며 은행원은 그것을 취급하지만, 자신이 쓸 수 있는 돈은 취급하는 은행의 돈과는 관계가 없는 것과 같은 이치이다.

심장 근육은 관동맥을 흘러오는 혈액에서만 산소나 에너지원의 공급을 받는다. 관동맥을 흐르는 혈액량은 전신을 도는 혈액의 약 5퍼센트를 차지한다. 즉 체중의 200분의 1의 무게밖에 안 나가는 심장이지만, 전신을 순환하는 혈액의 20분의 1을 심장 자신을 위해 필요로 한다. 높은 봉급을 받는 은행원과도 같은 셈이다. 그러나 단순한 펌프라고 해도 24시간에 약 9,000ℓ의 혈액을 돌리며, 인생 70년 동안에 수리 없이 25억 회를 박동한다는 놀라운 기계임을 생각하면 배당이 많은 것은 당연하다고 하겠다.

인간에 가까운 개나 토끼 따위 포유동물의 심장을 잘라 몸 밖으로 꺼내더라도, 랑겐도르프 장치 속에 넣어두면 기특하게도 2~3시간은 심장 혼자서 박동을 계속한다. 심장만으로도 우심방의 대정맥 유입구 근처에 있는 동결절에서 일정한 리듬으로 심장 수축을 위한 신호가 발생하여, 그것이 몸속에 있었을 때와 같이 심방, 심실로 전달되어서 박동이 생긴다. 이렇게 훌륭한 완전자동 조종장치가 달려 있음에도, 심장이 몸속에 있을 때는 자율신경의 두 개의 고삐의 제어에 순순히 따르고, 신체가 놓인 환경의 변화에 대응해서 그 작동상태를 민감하게 조절하여 운전한다.

   심장 근육에는 아픔에 감응하는 신경이 없어서 심장 자체는 찔리거나 잘려도 아프지 않다. '상심'이니 '심통'이니 하는 표현은 지독한 슬픔이나 우울감 등 때문에 심장부에 아픔을 느끼는 것을 가리킨다. 실연과 같은 상황에서는 '심장이 찢어지는' 것처럼 느껴지지만, 실제로 이런 경우에는 관동맥에서 심장으로의 혈액공급이 줄어서, 심장은 '창백해질' 것이다.

정열의 노에서 펌프로

작은 가지에 복숭아가 열려 있듯이

뚝딱하는 소리

정신은 심장에?

    심장은 그 사람의 주먹만 한 크기로서, 바닥이 둥글고 끝이 뾰족한 이른바 하트형이다. 마치 작은 가지에 복숭아가 열리듯이 대동맥, 대정맥이라는 굵은 혈관 끝에 매달려 있다. 그리하여 심장이 박동할 때마다 바람에 복숭아가 앞뒤로 흔들리듯 움직여 똑똑 하고 가슴의 내벽을 두들긴다.

    심장은 나란히 있는 두 개의 펌프이다.

    이 펌프는 고무로 만든 물딱총처럼 오그라들면 속에 들어 있는 혈액을 짜내고, 부풀 때 혈액을 빨아들이는 식으로 작동한다. 오른쪽 펌프는 폐에 혈액을 순환시키기 위한 것이고, 왼쪽 것은 폐 이외의 신체의 모든 부분에 혈액을 순환시키는 원동력이 된다.

이 두 개의 펌프에는 각각 두 개의 연속된 방이 있다. 정맥에서 심장으로 돌아온 혈액을 받아들이는 심방과 동맥을 통해서 혈액을 내보내는 심실이다.

혈액을 심방에서 심실, 그리고 동맥으로, 한 방향으로 내보내기 위해 펌프에는 밸브(瓣膜)가 필요하다. 오른쪽 심방과 심실 사이의 밸브는 석장(三尖瓣)으로 되어 있고, 왼쪽 심방과 심실 사이에는 두 장의 밸브가 있는데, 서양에서 성직자가 의식 때에 쓰는 모자와 같다고 해서 승모판이라고도 한다. 심방이 정맥에서 온 혈액으로 가득 찰 때쯤 심방은 수축하고, 이 방실(房室) 사이의 밸브가 열려 혈액이 심실로 들어간다. 심실이 수축을 시작하면 방실 간의 밸브는 파라슈트처럼 넓어져 통로를 막고 역류를 방지한다. 이때 심실 내의 압력 때문에 밸브가 심방 쪽으로 젖혀지지 않도록 파라슈트의 끈을 조이는 것이 심실 내의 유두근의 역할이다. 밸브는 그밖에 심실과 동맥 사이에도 있다. 오른쪽은 폐동맥판이요, 왼쪽은 대동맥판으로, 제각기 세 개의 포키트식 판막으로 되어 있다.

귀를 왼쪽 젖 근처에 대면 '뚝딱뚝딱' 하는 규칙적인 리듬이 들린다. 잘 들으면 처음에 아무 소리도 안 들리다가 그다음 '뚝' 하는 낮고 긴소리, 계속해서 짧고 높은 '딱' 하는 소리가 들리고, 다시 아무 소리도 없다. 대정맥에서 심방으로 혈액이 흘러 들어가고, 이어 심방의 수축에 의해 그것이 심실로 옮겨질 때까지는 조용하다. 처음의 긴소리는 주로 심실의 수축에 의한 혈액의 흐름과 방실판막이 폐쇄해서 혈액을 진동시키기 때문에 발생한다. 그다음의 짧은소리는 대동맥판막이 급히 닫히기 때문에 생긴다.

심장은 안정할 때는 한 번의 수축으로 50~80ℓ, 1분간에 3~5ℓ의 혈액을 내보낸다. 그러다가 격렬한 운동 때에는 그 10배에 달하는 양을 송혈할 수 있는 여력을 가지고 있다. 심박동수는 유아기 때는 많고, 어른이 되면 줄어들어 1분간 60~70회가 된다.

정신감동에 의해 심박동수가 늘 수 있다. 그 때문인지 예로부터 정신은 심장에 깃든다고 생각해 왔다. "가슴에 손을 대고 생각한다"라거나, "마음으로 감사합니다"라고 한다. 큐피드가 사랑의 화살로 젊은 남녀를 쏠 때도 심장을 겨냥한다. 현대의 의학은 정열, 지성의 자리로서의 심장을 단순한 펌프로 격하시켰지만, 심장의 박동이 '살아 있다'는 증거임은 예나 지금이나 변함없다.

혈액수송용 배관

3층으로 된 동맥의 벽

대정맥에는 판막이 없다.

네발짐승과 같은 식으로 만든 인간

심장에서 나가는 혈액은 좌심실에서 먼저 대동맥으로 보내진다. 대동맥은 차례차례로 가지가 갈라져 점차 가는 동맥이 되고 마침내 털보다도 가는 모세혈관이 된다. 이 모세혈관은 그물코처럼 조직 속에 구석구석 분포되어 이 유성(流域)이 조직과 혈액 사이에서 산소와 이산화탄소의 주고받기, 영양과 노폐물의 버리고 받기가 이루어지는 현장이다. 동맥은 말하자면 산소나 에너지의 메신저인 혈액을 이 현장까지 수송하는 것을 목적으로 하는 배관이다.

모세혈관 유역에서 조직과의 사이에 거래를 마친 혈액은 우선 가는 정맥으로 모인다. 산에서 흐르는 냇물이 바다 쪽으로 흘러감에 따라 모여서 커지듯이 가는 정맥을 흐르는 혈액은 점차 굵은 정맥으로 모인다. 그리하여 드디어 상하 두 개의 대정맥이 되어 심장의 우심방으로 돌아간다.

동맥의 벽은 세 겹의 층으로 되어 있다. 제일 안쪽의 내피 세포층, 제일 바깥쪽의 결합조직층, 그 사이에 근육(평활근)과 탄성섬유를 포함하는 층이 있다. 가는 동맥에서는 이 근육이 잘 발달하고, 굵은 동맥에서는 탄성섬유가 풍부하다.

정맥도 내피세포층의 내막과 결합조직층의 외막 사이에 탄력섬유와 평활근으로 구성된 중막이 있지만, 탄력섬유도 근육도 동맥에 비해 훨씬 빈약하다.

정맥의 특징으로는 역류막이판막이 달려 있다는 점이다. 동맥의 혈액은 심장에서 압출된 힘으로 압력이 높고 흐름도 빠르지만, 정맥에 이르러서는 흐름이 약해져 신체 하부의 정맥에서는 혈액이 심장 쪽으로 올라가지 못하고 도리어 말단 쪽으로 역류할 수도 있다. 이러한 역류를 막는 것이 정맥밸브(판막)이다.

정맥주사를 맞을 때처럼 팔꿈치 위 근처에서 팔을 잡아매면 전완 내측의 피하정맥이 부풀어온다. 이 부풀어 오른 정맥의 군데군데에 혹처럼 보이는 것이 밸브가 있는 곳이다.

이러한 판막은 팔다리(四肢)의 정맥에는 붙어 있지만, 대정맥에는 없다. 개, 고양이를 비롯하여 '네발짐승'이 선 것을 옆에서 보면 머리와 볼기가 심장의 위치보다도 높다. 그래서 손발의 끝에서 정맥혈이 역류하지 않고 어깨나 볼기까지 올라와 상하의 대정맥에 흘러 들어가면, 그다음은 물이 높은 데서 낮은 데로 흐르는 이치로 저절로 심장으로 돌아간다.

하느님이 사람을 만들 때 네발짐승과 같은 방식으로 만들었기 때문에 대정맥에는 역류막이판막이 달려 있지 않다고 설명되고 있다.

인간이 서서 걷게 된 것이 네발짐승 중에서 특출나게 만물의 영장이 될 수 있었던 요인이었다. 그러나 정맥의 흐름 쪽에서 생각하면 직립함으로써 머리 쪽에서 심장으로 돌아가는 혈액의 흐름은 네발로 걷는 것보다 훨씬 좋아졌지만, 하반신 정맥혈의 귀환에는 악영향이 미치게 되었다.

머리의 혈액순환을 잘되게 하는 것과 동물적인 늠름함을 갖는 것은 그리스신화에 나오는 반인반마(半人半馬)의 현자 케이론을 제외하고는 필경 양립하기 어려운 일인지도 모른다.

지크프리트의 나뭇잎

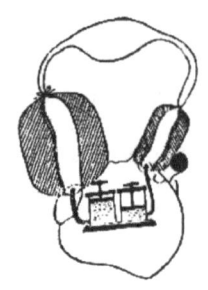

혈관을 기르기 위한 혈관

노화와 뇌출혈

지크프리트의 잎이 붙은 곳

 혈관은 살아 있는 조직이기 때문에 산소나 에너지원의 공급을 받지 않고서는 유지할 수 없다. 동맥혈에는 산소를 비롯한 에너지원이 풍부하게 들어 있기 때문에 집어 먹기로 배를 채우는 조리사처럼, 가는 동맥은 흐르는 혈액에서 직접 리베트를 얻어 꾸려 나갈 수 있다. 그러나 피로한 혈액을 나르는 담당인 정맥이나, 규모가 큰 굵은 동맥은 그럴 수 없다. 확실하게 정해진 경로, 즉 혈관에 영양을 주기 위한 혈관에서 산소나 영양원을 공급받는다.

 동물의 동맥을 몸 밖으로 잘라내어 한쪽 끝을 실로 묶고 반대쪽 끝에서 압력을 주어 물을 부어본다. 압력이 몸속의 혈압보다 낮으면, 별로 굵어지지 않는다. 그러다 압력이 혈압 수준에 이르면 갑자기 굵어지기 시작해 처음 굵기의 4~5배로 부풀게 된다. 그러나 그 이상은 압력을 세게 해도 압력에 비해 훨씬 덜 굵어진다.

정맥은 혈액저장소로서의 역할을 하고 있기 때문에 훨씬 낮은 압력으로 동맥보다 더 크게 부푼다. 혈관이 얼마만큼의 압력으로 터지는가를 조사한 연구에 따르면 경동맥에서는 보통혈압의 15배, 정맥에서는 보통 혈압의 15배에서 30배수였다고 한다.

죽음에 이르는 병은 의학의 진보나 수명의 연장 등에 의해 옛날과 점점 달라지고 있다. 결핵이나 급성전염병에 의한 사망은 감소하는 반면, 뇌출혈에 의한 사망은 더욱 많아지고 있다. 뇌출혈은 뇌혈관의 파열로 뇌 속에 혈액이 넘쳐서 소중한 신경의 연결을 끊어 사람을 죽게 한다. 이(齒)와 눈에 노화의 파도가 몰려올 때쯤에는, 어느새인가 동맥경화가 진행되고 있다. 동맥경화증으로 동맥의 탄력성이 줄어 무르게 되거나, 동맥류로 동맥의 벽이 얇아지는 일만 없으면, 혈압이 설사 보통의 두 배나 세 배로 올라도 파열하지 않는다.

한 줄기의 동맥이 끊어져 거기에서 혈액이 보내지지 않더라도, 몸속 대부분의 부위가 영양 불량에 빠져 괴사하는 일은 없다. 이웃한 다른 동맥과 가지 끝에서 서로 연결되어 있으므로 그곳으로부터 응원 받을 수 있기 때문이다. 한 가지 일에 두 사람이 정통하여, 한 사람이 결근해도 대역으로 일을 수행하는 것과 흡사하다. 그런데 뇌나 신장, 심장은 그런 대역이 없다.

만일, 그러한 동맥(終動脈이라고 한다)이 끊어진다든가 막히면 그 동맥이 담당하던 범위가 얼마 안 있어 죽어버려 기능을 잃게 된다. 심장의 벽에 영양을 나르는 관동맥이 막히면 심근경색으로 갑자기 목숨을 잃게 된다. 『니벨룽겐의 노래』의 지크프리트는 퇴치한 용의 피를 뒤집어쓰고 불사의 몸이 되었는데, 등에 떨어진 나뭇잎 자리만 그 피가 묻지 않아, 나중에 그곳을 찔려 죽었다. 하느님이 주도한 예지로 완전하게 만들어졌을 법한 인간의 신체이지만, 치료의학으로 기사회생을 기대할 수 없는 '지크프리트의 나뭇잎'이 붙어 있는 것이다.

혈관을 운전하는 신경계

자기 스스로 굵기를 조절하는 혈관
4분간 30배로
굵어지면 좋다는 이치는 아니다.

빌딩의 집중난방 보일러실에는 각층에 증기를 보내거나 멈추게 할 수 있는 밸브가 달려 있다. 사용하고 있는 방에는 증기를 마구 보내지만, 사용치 않는 방에는 보내지 않도록 하는 장치이다.

인간의 혈관, 특히 정맥이나 모세혈관을 모두 최대한 확장하면 몸속의 혈액량으로는 도저히 다 돌릴 수 없는 방대한 부피가 된다. 적은 혈액으로 각종 장기에 혈액을 잘 돌릴 수 있는 것은, 보일러실에서 필요에 따라 증기를 조절하는 수완 좋은 보일러맨 같은 장치가 있기 때문이다.

빌딩 속 구석구석까지 둘러쳐진 배관과 몸속의 혈관을 비교할 때 가장 큰 차이점은, 빌딩의 배관은 메인밸브로 유량을 가감하는 데 비해 혈관은 스스로 파이프의 굵기를 적절히 조절해서 수송하는 혈액의 분배를 가감하는 점이다.

운동으로 근육을 사용하면 근육에 혈액이 많이 공급되며, 체온이 오르면 피부에, 머리를 쓰면 뇌로, 활동하는 장소에 혈액이 풍부하게 보내지도록 되어 있다. 예를 들면 0.5초 동안 주먹을 꼭 쥐는 운동을 1초 간격으로 4분간 계속하면, 팔로 가는 혈액량이 아무 운동도 하지 않는 때에 비해 30배나 증가한다.

그런데 활약 중인 근육에 가는 혈관이 굵게 확장되면, 그것만으로 그곳에 혈액이 많이 흘러 들어가지는 않는다. 오히려 혈관이 굵어졌기 때문에 도리어 혈액의 흐름이 늦어지고, 결국 산소나 에너지원의 수송이 나빠질 수도 있다. 그런데 실제로는 다행히도 혈관 확장과 함께 다음과 같은 일이 동시에 일어난다.

우선 전신의 혈액 배분을 감독하는 혈관운동중추(빌딩에서 증기의 배분을 조절하는 보일러실과 비슷한 사령부)의 명령으로, 활동하지 않고 있는 장기로 가는 혈관이 오그라들고, 그곳으로 가는 혈액 배분량이 줄어 그 몫만큼 순환혈액량에 여유가 생긴다.

한편 심장에도 지령이 전달되어 펌프의 능률이 높아져 혈액이 흐르는 속도를 올리도록 조절된다. 이러한 일련의 조절과 함께 활동하고 있는 장기의 혈관이 확장되기 때문에 그곳에 힘차게 혈액이 흘러 들어간다.

혈관을 수축시키는 신경은 교감신경에 속하고, 확장시키는 신경은 주로 부교감신경에 속한다. 교감신경은 한마디로 말하면, 적과 대결할 때 전투태세를 준비하는 자율신경 계통이며, 부교감신경은 평화로운 환경에서 몸에 에너지를 저축시키는 신경계이다.

지금 의학 분야에서는 암을 연구하면 연구비의 배당이 좋고 사람도 모여든다. 활약하고 있는 근육으로 많은 혈액을 공급하듯이 연구 제목이 광범하고 또한 어려울수록 배분이 당연히 좋다. 그러나 현재 햇볕이 안 드는 연구 가운데서 놀라운 맥락이 생겨 커다란 발전에 연결될 수 있는 것이 과학이다. 어느 한 알의 보리에도 생명을 이어갈 만큼의 원조는 끊어서는 안 된다.

지하수를 모으는 큰 강

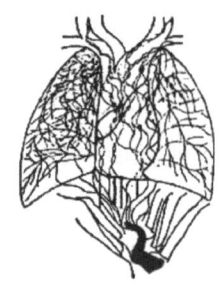

어디를 베도 나오는 액체
길이 몇 킬로미터에 달하는 큰 강
림프가 고여 발이 붓는다.

신체 도처 구석구석에 혈액을 순환시키는 혈관계와 비슷한 장치로, 조직이나 장기에 휘감겨 붙어 림프액을 온몸에 돌리는 림프관계가 있다. 마치 색이 없는 레이스로 짠 그물을 피부 밑이나 장기 조직 위에 씌운 것처럼 온몸 구석구석에 림프관계가 둘러쳐져 있다.

무릎을 다쳤을 때 출혈이 멎은 후 조금 노란색을 띤 액체가 조그마한 물방울이 되어 상처에서 배어 나오는데, 그것이 림프이다. 나무껍질을 벗기면 소나무에서 '송진'이 나오듯이 몸 전체 어디를 베어도 이 림프가 나온다. 단 혈액처럼 색이 선명하지 않아 함께 나오면 림프는 눈에 보이지 않는다. 동맥에서 모세관을 거쳐 정맥으로, 그리고 심장에 돌아가 다시 또

동맥으로, 이렇게 폐회로를 급한 발걸음으로 뱅뱅 도는 혈류와는 대조적으로 림프관계는 큰 강처럼 단일 방향으로 천천히 흐른다. 그것은 신비에 싸인 큰 강으로 흐름이 완만하고 울창한 세포의 밀림 사이를 지난다. 대부분은 해부지도에도 나와 있지 않으나 길이는 몇 킬로미터에 달한다.

　이 대하의 원천은 마치 바위 사이에서 솟아 나는 샘처럼, 세포 틈에서 스며 나오는 수원(水源)에서 출발한다. 이 현미경적인 수원은 우선 현미경적인 지류에 모인다. 처음에 세포 사이에서 솟아 나오는 물의 양은 역시 현미경적인 미량이지만, 천문학적인 수에 달하는 많은 세포 사이에서 스며 나오는 이 림프액은 마침내는 눈에 보이는 양이 되고, 내(川)의 폭도 커져 도도하게 흐르게 된다. 오른쪽 경부와 우상지에서 흘러온 림프는 우림프총관에 모이고, 그 밖의 전신에서 모인 림프는 장으로부터의 지류와 합쳐져 좌총림프관으로 모인다. 좌총림프관은 흉관이라고도 불리며 림프관계에서는 가장 굵은 맥관으로서 빨대 정도의 굵기가 된다.

　파충류나 어류에는 '림프심장'이라 하여 림프를 보내는 역할을 하는 장치가 있으나, 사람의 림프관계에는 그것이 없다. 다만 굵은 림프관에는 역류막이판막이 달려 있어 어떤 곳까지 압송된 림프는 전진할 수 있으나 후퇴하지 못한다. 다행히 림프관은 대동맥에 감겨 붙었거나 근육 주위에 엉겨 붙어 있기 때문에 대동맥의 박동이나 호흡, 보행 등의 근육운동이나 장의 연동운동에 의해 압박되면, 림프는 역류막이 판막의 도움을 빌려 한 방향으로 흐르게 된다.

　오랜 시간 서 있다든가, 기차여행 등에서 오랫동안 의자에 앉아 발을 내리고 있으면, 점점 발이 부어 구두가 작아진 것처럼 느껴질 때가 있다. 하지의 근육을 움직이지 않기 때문에 림프가 고여 발이 붓는 것이다.

외상이나 화상 등으로 손발의 넓은 부분에 상처가 생기면, 상처가 일단 아문 것처럼 보이지만 부기가 가라앉지 않는 일이 있다. 염증이 원인이 아니면 림프관계 수로(水路)의 재건에 시간이 걸리기 때문이다

레이스 편물 속의 경찰서

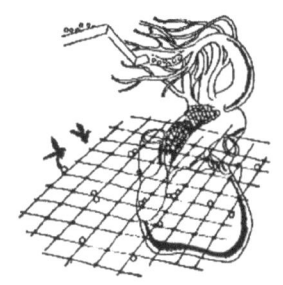

물가의 생활을 영위하는 세포

먹다 남은 밥을 회수하는 림프계

연주창

　피부로 잘 덮여 있기 때문에 외부에서는 보이지 않지만, 생각하기에 따라서는 인간의 신체는 방대한 소택지와 같다. 몇 조나 되는지도 모르는 방대한 수의 세포는 물가에서 생활을 영위하고 있다.

　심장의 압력이 혈관 내부에 가해지면, 모세혈관의 벽에 있는 미세한 틈에서 단백질 등의 영양소와 염류 등이 물과 함께 스며 나와 세포의 둘레를 흐른다. 풍부한 영양소를 함유한 이 액체에 둘러싸인 세포는 흡사 '젖과 꿀이 흐르는 땅'에 취생몽사하며 이마에 땀 흘리지 않고 젖과 꿀을 퍼마시는 격이다.

　세포 사이 구석구석까지 진수성찬을 가득 담은 접시를 돌린 다음, 먹다 남은 찌꺼기를 다시 한번 혈액 쪽으로 돌려 새로운 수라상의 재료로 하기 위해 회수하는 것이 림프계의 역할 중 하나이다. 찌꺼기 중에서도 염류와 물의 일부는 모세관의 정맥단 가까이에서 혈관 속으로 신속하게 회수되지만, 단백질이나 지방은 그대로는 정맥 내로 돌아갈 수 없다.

　혈액단백에 방사성아이오딘으로 표지를 하여 그것이 림프관 내로 옮겨 가는 속도를 조사한 연구에 따르면, 24시간마다 우리의 혈액단백 절반이 혈관 내에서 상실된다고 한다. 단백질은 생명유지를 위해 긴요한 역할을 수행하는 성분이므로, 만일 이 단백질의 회수가 원활하지 않으면 금방이라도 생명의 위기가 닥쳐오게 된다. 이러한 재앙을 피하고 생명유지를 가능하게 하는 것이 바로 림프관계이다. 세포 주위를 돌아 역할을 다한 림프를, 지붕을 흐르는 빗물을 홈통에 받듯이 림프관 속에 모아 마침내 정맥까지 운반한다. 장에서 빨아들인 지방을 유액으로 혈관계에 유도하는 것도 림프의 역할이며, 감염과 싸우는 백혈구의 적어도 4분의 1을 만드는 것도, 항체를 만들어 침입하는 세균과의 방어전에 활약하는 것도 림프계의 역할이다.

　레이스 편물과 같은 림프관계의 곳곳에는 림프절이라고 하는 조그마한 공 모양의 구조물이 붙어 있다. 림프절은 겨자알만 한 크기부터 작두콩알만 한 것까지 다양하며, 목, 겨드랑이, 사타구니, 장의 주위 등에 많이 붙어 있다.

　부상을 입어 상처에 세균이 들어오면, 이 침입자는 림프관계에 붙잡혀 가까운 림프절로 압송된다. 여기서 침입자는 멸살되거나 억류되며 어느 쪽이든 신체 내부에 침입하는 것은 저지당한다. 마치 하수가 흐르는 도중에 있는 쓰레기 채취용의 철망처럼, 림프의 흐름 속에 들어온 세균이나 미세한 이물 등은 모두 이곳에서 걸러진다.

그런데 림프절이 잡은 세균의 수가 너무 많다든가 독력이 너무 강하든가 하면 반대로 세균에게 점령당해 염증이라는 불이 일어나고 만다. 림프선염이 이것이다.

혈관의 벽을 달리는 물결

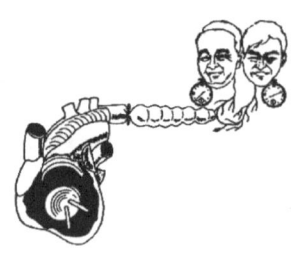

뱀이 부풀어 오르듯이……

맥박은 혈액의 유동에 의해 전해지는 것은 아니다.

맥박은 수를 세는 것만은 아니다.

심장에서 나간 혈액은 탄력성이 좋은 대동맥을 부풀게 하고, 그 부풀음은 다음의 부풀음을 만들며, 차례차례로 가는 동맥을 향해 이동한다. 마치 잡아먹힌 동물이 뱀의 몸속을 '부풀음'이 되어 움직여 가듯이…….

만약 동맥이 금속처럼 탄력이 없으면 심장은 아주 높은 압력을 만들어야 하고, 그렇지 않으면 혈액은 혈관 속을 흐를 수 없을 것이다. 더욱이 공기압축실이 없는 펌프처럼 심장이 수축하지 않는 동안은 흐름이 멎는다.

가느다란 고무관에 물을 가득히 넣고, 한쪽 끝은 실로 묶고 다른 쪽 끝은 손가락을 대고 물이 새지 않도록 한다. 실로 묶은 쪽의 끝을 막대기로 살짝 두들기면, 고무관을 막은 손가락에 일종의 움직임이 느껴진다. 물이 손가락 쪽으로 관 속을 흘러간 것이 아니라 두들김으로 일어난 압력의 변화가 전도되어 느껴지는 것이다. 맥박도 마찬가지이다. 두들기는 쪽 끝은 심장이고, 다른 쪽 끝은 저항이 큰 모세 혈관이다. 혈액이 심장에서 갑자기 대동맥으로 압출되면 마치 혈관을 속에서 두드린 것처럼 그 압력 변화가 혈관 벽을 전도되어 가면서 맥박이 된다. 맥박이란 혈관 벽을 따라 전도되어 가는 파형이지, 혈액이 동맥 속을 달려가 맥을 치는 것은 아니다.

길게 매어놓은 끈의 한쪽 끝을 두드리면 역시 끈 위로 파도가 전도된다. 끈을 세게 팽팽히 칠수록 빨리 달린다. 맥의 속도도 혈관의 긴장을 좌우하는 혈관 벽의 탄력성이나 혈압 등에 따라 변한다. 동맥경화로 인해 혈압이 높아지면 맥박 속도는 빨라지고, 탄력성이 좋은 부드러운 혈관에서는 더 느려진다. 실제로 측정한 바에 따르면, 84세의 노인은 초당 8.6m, 5세의 어린이는 초당 5.2m의 속도였다. 덧붙여서 동맥 속을 혈액이 흐르는 속도는 초당 0.5m 이하이다.

맥박을 만져보면 1분간 박동하는 맥박수를 알 수 있을 뿐만 아니라 맥의 리듬, 크기, 긴장도 등을 판별할 수 있으며, 대동맥에 혈액이 들어가는 상황에서 심장이나 혈관의 상태를 추정하고, 유혈량의 증감을 추측할 수 있다. 예로부터 '진맥한다'는 것이 의사의 진찰 전체를 뜻할 정도로 맥박 상태를 보는 것은 중요시되어 왔다. 그런데도 왕족이나 제후가 병에 걸리면 의사는 직접 진찰하는 것이 허락되지 않고, 옆방에서 환자의 손목에 감은 기다란 실 끝을 잡고 그 '실맥(系脈)'의 희미한 움직임으로 병을 진단했다고 한다.

질병의 진단을 위한 검사 방법은 더욱 고도로 진보하여, 옛날 같으면 '직감력'과 '권위'로 추측하던 진단을 임상검사의 결과를 종합해서 명확하게 진단할 수 있게 되었다. 그러나 복잡한 검사 때문에 환자에게 상당한 인내가 요구되는 경우도 있다. 검사를 위한 고통에 견디지 못해 '실맥' 식의 진단을 희망하는 사람도 적지 않다. 그중에는 검사는 적당히 하고 곧바로 치료에 들어가기를 요구하는 사람들도 있다. 그러나 '실맥'으로는 올바른 진단을 내리기가 매우 어렵다. 물을 퍼마시듯이 약을 먹어도 진단이 맞지 않으면 도리어 해로울 수도 있다.

오르든 내리든

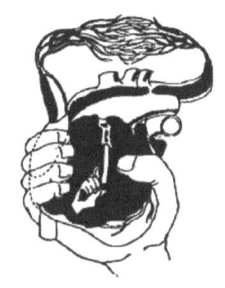

고무공 같은 심장

혈압을 올리는 원인

곳에 따라 다른 혈압

  구멍 뚫린 고무공을 물속에 넣고 손으로 쥐었다 놓았다 하면, 고무공 속에 물이 나왔다 들어갔다 한다.

  몸속에서 심장은 이 고무공과 같은 일을 한다. 단지 판막이 있기 때문에, 혈액이 같은 구멍으로 들어가고 나오는 것이 아니라, 정맥으로 들어가 동맥으로 나오는 점이 다르다.

  고무로 만든 물딱총을 보면, '손잡이'에 해당하는 곳에 물이 들어가게 되어 있어, 그곳을 꼭 쥐면 총구에서 물이 튀어 나간다. 심장을 이러한 고무물딱총의 부풀어 오르는 총파에 비유하고, 혈관을 총신으로 친다면, 혈압이란 물딱총의 총신을 부풀게 하는 압력, 말하자면 총구에서 튀어 나오는 물의 압력에 비유할 수 있다. 물을 가득 빨아들여 세게 쥐면 물은 높은 압력으로 튀어 나가지만, 쥐는 힘이 약하면 수압이 낮아 물이 찔끔찔끔 나온다.

혈압의 근본이 되는 압력은 펌프인 심장에서 만들어져 심장에서 대동맥으로 혈액이 나온 순간이 가장 높고, 점점 동맥이 갈라져서(分枝) 정맥 쪽으로 가까워질수록 압력은 낮아진다. 모세혈관을 거쳐 정맥으로 들어갈 때쯤 압력은 훨씬 낮아져, 대정맥에서는 압력이 0이거나 일시적으로 0 이하가 된다. 결국 혈압은 재는 곳에 따라 높이가 다르다. 보통 혈압은 그 사람의 상박에서 측정한 상박동맥의 혈압을 가리킨다.

고무물딱총에서 총신의 관이 가늘면 가늘수록 '총파'를 쥔 손에 힘을 주었을 때 압력이 높아지기 쉬우며, 또 압력을 높이지 않으면 물은 튀어 나가지 않는다. 혈관의 굵기를 가늘게 했다 굵게 했다 조종하는 것은 혈관운동신경인데, 이 신경의 지시에 따라 혈관이 가늘어지면 물딱총의 예처럼 혈관이 굵은 때에 비해 심장은 더 일하게 되고 혈압은 높아지게 된다.

추울 때, 성났을 때, 무서울 때 파랗게 질리는 것은 모두 얼굴 근처의 혈관이 가늘어져 피하를 흐르는 혈액의 양이 줄어들기 때문이다. 이런 경우 혈관이 수축하면서 혈압도 상당히 높아질 수 있다.

영양 상태가 좋고 진한 혈액이 풍부하게 혈관 속을 돌고 있는 사람은 물딱총의 '총파'에 물이 가득 들어가 있는 상태와 마찬가지여서 혈압이 높아지기 쉽다. 그와 반대로 영양불량으로 혈액이 묽고 혈액의 양이 적은 사람은 혈압이 오르지 않는다.

이렇게 혈압이 올랐다 내렸다 하는 데에는 여러 가지 원인이 있으며, 이들 원인과 그 결과가 서로 얽혀 서로 영향을 미친 종합적인 결과가 혈압으로 나타난다.

노인병에 대한 지식이 보급되면서 중년을 지난 사람들 사이에서는 안부인사처럼 혈압 이야기가 화제가 된다. 개중에는 문제도 되지 않을 정도의 근소한 혈압의 오르내리기에 일희일우(一喜一憂)하는 지나친 예를 보고 듣게 된다.

주식시장을 움직이고 있는 요인만큼이나 복잡한 인과관계로 움직이고 있는 것이 혈압이다. 정신상태에 의해서도 영향을 받기 쉽기 때문에 아마추어 진단으로 끙끙 속을 태우지 말고 빨리 전문가의 의견을 듣는 것이 좋다.

오르기만 하는 언덕

혈관을 누르고 재는 혈압

정상 혈압이란

나이와 함께 높아지기만

혈압은 그 사람의 팔에서 잰 상박동맥의 혈압을 가리킨다. 상박동맥을 피부 위에서부터 뼈 쪽으로 압박하여 어느 정도 세게 압력을 가하면 이 혈관을 납작하게 할 수 있는지를 측정한다. 혈압이 높으면 높을수록 세게 압박하지 않으면 혈관은 납작해지지 않는다.

혈관을 압박하려면 상박에 고무 주머니를 감고 이 속에 펌프로 공기를 밀어 넣는다. 고무 주머니는 헝겊 주머니로 싸여 바깥쪽으로 부풀지 않게 되어 있으므로, 공기를 밀어 넣으면 안쪽으로만 부풀어 팔을 조이고 혈관을 압박한다. 이 고무 주머니에 압력계를 연결해 두면 팔을 조이는 압력을 잴 수 있다. 압력은 유리관 속의 수은주를 몇 밀리미터 밀어 올리는가에 의해 측정된다.

혈관을 압박하고 있는 곳으로부터 손끝 쪽의 동맥에 청진기를 대고 들으면, 맥박이 뛸 때마다 좁아진 혈관을 통과할 때의 혈액의 와류 때문에 잡음이 들려온다. 고무 주머니의 압력이 높아져 드디어 혈관이 완전히 납작해지면 잡음이 전혀 안 들리게 된다. 혈관이 완전히 납작해졌을 때의 압력을 최대혈압이라 하며, 심장이 수축해서 혈액을 내보내 가장 혈압이 올랐을 때에 해당한다. 혈관이 최초로 눌리기 시작할 때의 압력을 최소혈압이라 하며, 이는 심장의 확장기의 혈압에 해당한다.

오뚜기를 아무리 넘어뜨려도 결국 다시 곧장 일어서듯, 이 혈압도 크게 변동한 뒤에는 결국 일정한 수치로 안정된다. 우선 대동맥과 경동맥동 등에 있는 압수용체가 혈압의 변화를 감지한다. 거기서부터 신호가 사령부로 보내져 제어계가 활동하여 펌프(심장)의 회전수며 토출량(吐出量)이 조절되고, 파이프(혈관)의 저항이 전환되어 혈압이 일정하게 안정된다. 이 조절 장치는 전기냉장고나 전기장판이 온도조절 장치(서모스탯)에 의해 일정한 온도를 유지하는 것과 흡사하다.

의학 분야에서 쓰이는 '정상'이라는 말은 단지 동류가 많다는 뜻만으로 사용될 때가 있다. 예를 들면 원수폭(原水爆)의 무서움을 느끼지 않는 사람이 80퍼센트가 되면, 무서움을 모르는 쪽이 '정상'일지도 모른다. 그렇다면 혈압은 얼마만큼의 높이가 '정상'일까? 몇만 명의 혈압을 재어 도수분포라는 통계적 방법으로 조사해 보면 20대에서는 평균값이 최대혈압 120, 최소혈압 75쯤이다. 만약에 이 연령층의 80퍼센트(평균값의 상하

40퍼센트씩)까지가 '정상'이라면, 그 범위는 최대혈압 140, 최소혈압 90이 된다.

　나이가 많아짐에 따라 혈압의 평균값은 올라가기만 하는 언덕길처럼 확실하게 높아져 간다. 노화가 특히 빨리 진행되는 예외적인 사람도 있으므로, 평균값의 위아래 40퍼센트의 사람들을 '정상'이라고 하는 것은 무리가 따를 수도 있다. 그러나 젊은 사람들 쪽에서 보면 '정상'이 아닌 노인들이 늙음을 탄식하고 약에 탐닉하는 것은 성급한 일이다. 나이에 맞는 '정상'값보다 약간 높아도 안주할 수 있기 때문이다.

4장

체액

물자운반용 화차

혈액은 무엇을 나르는가.

심장은 조연인가.

혈액의 전량은 체중의 13분의 1

혈관을 철도의 레일에 비유하면 혈액은 화차에 상당한다. 더욱이 쉴 새 없이 움직이는 화차이다. 혈관이라는 '철도'는 수입품을 국내로 반입하기 위한 소화관 주변의 임해선(臨海線)을 비롯하여 공장, 창고 그리고 소비 지역 사이에 그물코처럼 깔려 있다. 순환운전으로 운행되기 때문에 '화차'의 연대 수는 방대하고 그 수송력은 놀랄 만큼 크다.

수송되는 물질은 산소, 영양물 등의 원료 이외에, 호르몬이나 면역체 따위의 공장생산물, 여러 가지 중간 대사산물, 거기에 이산화탄소나 대사의 종산물 같은 폐물에 이르기까지 실로 다채롭다. 또 화차의 화물로는 색다르지만, 혈액으로 운반되는 것에 열(熱)이 있다. 불필요한 열은 혈액이 몸 표면의 혈관까지 날라 거기서 외부로 발산시킨다. '생명의 원천인 피'란 성경의 말씀처럼, 실제로 혈액과 그것을 몸의 구석구석까지 돌리기 위한 펌프인 심장 두 가지가 생명을 유지하기 위한 주역이다. 생각하기에 따라서는, 확실히 주역인 혈액을 돌리기 위한 조연이 심장이라고 말할 수 있을지도 모른다. 생물학적인 말로 하면, 혈액은 적혈구나 백혈구 등의 세포가 부유된 '조직'이다. 심장과 같은 조직이라면 간단한 전동펌프(인공심장)로 한 시간쯤 대역을 시킬 수 있지만, 혈액은 결코 인공적으로 만들 수 없다.

정말로 '피는 물보다 진해' 서, 비중(물을 1로 하고 무게를 비교해 보면) 1.060인데, 혈액이 수행하는 직무의 중차대함에 비해 뜻밖으로 가볍다. 그러나 '진하다'라는 표현의 또 하나의 요소인 끈기, 즉 점도는 물의 약 5배에 달한다.

혈액을 주사기로 빼서 시험관에 넣고, 잠시 그대로 내버려두면 젤라틴처럼 굳어진다. 이때 젤라틴 같은 것 위에 약간 노란 색깔을 띤 액체가 생긴다. 이 투명한 액체가 혈청이며, 젤라틴과 같은 것은 혈병이다. 상처가 나서 출혈이 발생했을 때 혈병은 혈관의 창구를 막고 지혈을 돕는다.

헤파린이나 시트르산나트륨 같은 약을 혈액과 섞어 잠시 놓아두면, 이번에는 혈액은 굳지 않지만, 투명한 부분과 붉은 부분으로 나뉘게 된다. 투명한 부분은 혈장이라 하고, 아래의 붉은 부분에는 적혈구 이외에도 백혈구, 혈소판 따위의 유형성분이 포함된다. 그러나 혈병처럼 섬유소가 유형성분을 튼튼하게 굳히지 못했으므로 휘저으면 다시 먼저의 혈액처럼 균등하게 붉게 분산된다.

혈장의 90퍼센트는 물이고, 나머지는 알부민, 글로불린, 섬유소원 등의 단백질, 식염, 그 밖에 무기염류, 포도당(이것을 특히 혈당이라고 한다), 지질 등이다.

몸속의 혈액 전량은 몸집의 크기에 따라 다르다. 대체로 체중의 13분의 1이라고 하므로, 체중 55kg의 사람은 4.2kg, 부피로 말하면 약 4ℓ의 혈액이 몸속에 있는 셈이다. '혈기가 왕성한' 사람이든, '피도 눈물도 없는' 사람이든 몸속에는 비슷한 양의 혈액이 들어 있다.

컨테이너를 나르는 화물차

호두과자 같은 적혈구
한 방울의 혈액에 수억 개의 적혈구
혈색소는 일산화탄소를 좋아한다.

혈관을 철도의 레일, 혈액을 그 위를 달리는 화차에 비유한다면, 적혈구는 산소나 이산화탄소 수송차가 된다. 최근에는 화물을 견고한 컨테이너에 넣어서 나르는 '컨테이너 수송'이 보급되었는데, 산소는 적혈구라는 화차에 실려 혈색소(헤모글로빈)라는 컨테이너로 운반된다.

적혈구는 호두과자 기계같이 원반형이다. 그 지름은 7.7미크론으로서, 1cm 사이에 1만 3,000개나 늘어설 수 있을 만큼 작다. 그리고 $1mm^3$의 혈액 속에 성인 남자의 경우 500만 개(여자는 450만 개)가 함유되어 있으므로, 한 방울의 혈액 속에 일본의 전인구 수의 몇 배에 해당하는 수의 적혈구가 들어 있는 셈이다. 또 만일 한 사람의 몸속에 있는 적혈구를 전부

한 줄로 이으면 약 17만 7,000km의 길이에 달해, 지구의 적도를 4.4바퀴 도는 셈이다. 한 개의 적혈구의 표면적은 128제곱미크론밖에 안 되지만, 몸속의 적혈구 전부의 표면적을 합계하면 3,200m²의 넓이에 달한다.

적혈구는 태아에서는 간, 비장과 골수에서 만들어지지만, 태어난 후에는 주로 골수에서 만들어진다. 골수는 뼛속의 비어 있는 부분을 메우는 조직인데, 이 조직 속의 그물코 같은 형태의 동(洞)의 엷은 내피세포로부터 혈구가 생긴다. 처음에는 미숙한 거대적혈구모세포가 생기고, 몇 번인가 분열하여 성숙해지면, 마치 제과공장에서 만들어진 과자가 한 줄로 가지런히 나오듯 혈관 속으로 보내진다. 적혈구는 성숙 과정에서 호염기성이 나타나서 없어진다든지, 혈색소가 호두과자 속 팥소처럼 봉입되든지 하는 변화를 겪는데, 이상하게도 성숙하면 세포핵이 없어진다. 즉 혈색소나 효소를 함께 담은 자루가 되어, 일벌처럼 단순히 일에 전념하게 된다.

적혈구는 새로 만들어진 지 100~120일이 경과하면 고물 자동차가 폐차 처리되듯 수명이 다해서 폐품 처리된다. 폐기된 적혈구의 부품 일부는 골수로 되돌아가 새로운 적혈구의 생산에 이용되지만, 대부분은 간에서 나오는 쓸개즙(담즙)이라는 소화액에 섞여 장내로 배설된다.

혈색소는 산소와 빠른 속도로 결합하고, 조건이 바뀌면 또 간단히 떨어져 나간다. 그러나 연료가스나 연탄불 속에 있는 일산화탄소와는 산소보다 250배나 강한 결합력으로 결합하여, 일산화탄소와 결합해 버린 혈색소는 산소와는 다시 결합할 수 없게 된다. 그 때문에 설사 순산소를 호흡하여도 혈색소가 산소를 운반해 주지 않아 질식사하게 된다.

금전이란 풍요하고 원만한 생활태도와 공존해야만 의의가 있지, 유물적인 좁은 관념에 편집하는 낭비가나 노랑이는 보배 속에 있어도 사막에서 방황하는 것과 마찬가지이다. 흡사 순산소 속에 있으면서 산소 결핍에 빠지는 일산화탄소 중독 환자처럼…….

혈액 속의 개인식별표

소년의 피로 죽은 로마 교황

수혈의 쇼크사

혈액형과 민족, 성격

'생명의 원천이 되는 피'라고 성경에도 적혀 있는 것을 보면, 아주 오래 전부터 혈액의 중요성이 알려졌던 것 같다. 그래서 부상 등으로 출혈이 심해 죽어가는 사람을 살리기 위해 건강한 사람의 혈액을 보태려는 시도가 되풀이되어 시행되었음이 틀림없다. 붉어서 얼핏 보기에 같아 보이는 동물의 피도 사용됐던 것 같다.

15세기 말, 로마 교황 인노켄티우스 8세에게 소년의 신선한 피를 수혈한 유대인 의사의 이야기가 전해진다. 교황은 죽었고, 그 의사는 목숨만 겨우 부지해서 도망쳤다고 한다. 19세기 말에 영국의 병리학자 섀택은 폐렴 환자의 혈구와 혈청을 섞으면, 그때까지 혈청 속에 균등하게 떠 있던

혈구가 덩어리지는(응집하는) 현상을 발견했다. 당시 빈대학교 연구실에 있던 카를 란트슈타이너가 이것을 추시(追試)하기 위해 22명의 건강한 사람에게서 채취한 혈액을 혈구와 혈청으로 나눈 뒤 서로 섞어보니 병과 관계없이 어떤 혈청에 의해 응집되는 것과 그렇지 않은 것이 있어, 이것에 따라서 사람의 혈액을 A, B, AB, O의 네 가지 형으로 분류할 수 있음을 발견했다. 때는 1901년이었다.

A형 사람의 적혈구 속에는 응집소 α와 만나면 응집을 일으키는 응집원 A가 함유되고, B형 사람의 적혈구 속에는 응집소 β를 만나면 응집하는 응집원 B가 들어 있다. 그리고 A형 사람의 혈청에는 β응집소밖에 없으므로 자기 몸속에서는 응집현상이 일어나지 않는다. 그러나 A형 사람에게 B형을 수혈하면 A와 α, B와 β가 만남으로써 굉장한 응집이 일어나, 그 때문에 히스타민이나 세로토닌 등의 유해물질이 생겨 수혈을 받은 사람은 쇼크 상태에 빠져 죽게 된다. O형 사람은 혈구에 응집원을 갖지 않는데, 혈청에 α와 β응집소를 모두 가지며, AB형 사람은 혈구에 A와 B의 두 응집원을 가지고 있지만, 응집소를 가지고 있지 않다.

통계에 따르면 일본인은 A형이 약 40퍼센트, O형 30퍼센트, B형 20퍼센트, AB형이 가장 적어서 10퍼센트라는 분포를 보인다. 롤세펠트는 A형과 B형의 비율을 민족지수라고 이름 짓고, 그 수치는 그 민족에 독특한 것이라고 했다. 혈액형으로 그 사람의 성격을 맞출 수 있다고 주장하는 학자도 있다. O형은 명랑한 성격으로 사교적이며, AB형은 음침하다고 하는데, 아직 명백한 통계적 근거를 제시한 연구는 없다.

혈액형은 멘델의 법칙에 따라 규칙적으로 유전하므로, 부모의 혈액형을 알면 자식의 혈액형을 예상할 수 있다. A, B, O형 이외에도 MN, Q, E, S, Rh 등 많은 종류의 혈액형이 차례로 발견되었기 때문에, 법의학적으로 부모자식 간의 감별을 매우 정확하게 할 수 있게 되었다.

이 혈액형을 구별하는 물질은 적혈구의 표면 이외에, 그 사람의 거의 모든 장기나 체액 속에도 포함되어 있는 것이 알려졌다.

마치 초등학교에 막 입학한 어린이처럼 자기의 소유물에 일일이 정성껏 이름표를 붙인 것이 인간의 신체이다.

Rh음성인 여성의 궁합

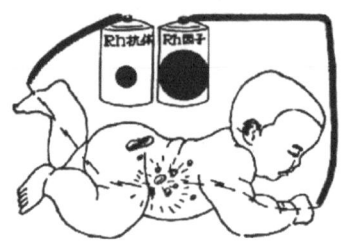

200명에 한 명꼴인 Rh음성

임신과 Rh형

미국인 9퍼센트가 위험한 결혼

인간의 혈액에 A, B, AB, O형의 네 가지 형이 있음을 발견하여 수혈을 안전하게 할 수 있도록 한 인물은 앞에서 얘기한 카를 란트슈타이너 박사였다.

이 획기적인 발견으로부터 36년이 지난 1937년 란트슈타이너 박사는 위너 박사와 붉은털원숭이의 혈액을 수혈받은 한 마리 토끼의 혈청에, 여러 사람의 적혈구 부유액을 섞어 일어나는 반응을 연구하고 있었다. 붉은털원숭이의 적혈구에 포함된 Rh라는 인자가 항원이 돼서, 토끼혈청 속에 그 항원과만 극히 특이적으로 반응을 일으키는 항체가 있을 것이라고 생각했다. 붉은털원숭이의 적혈구에 대한 항체를 가진 이 토끼의 혈청은 대부분 사람의 적혈구를 응집시키지만 사람에 따라서는 응집이 일어나지 않는다는 것이 판명되었다.

이렇게 적혈구에 Rh항원을 가진 Rh양성인 사람은 미국의 백인에서는 100명 중 85명, 흑인에서는 이것보다 조금 많고, 아시아인은 더욱 많다는 것이 밝혀졌다. 일본인은 99.5퍼센트가 Rh인자를 가지고 있다. 즉 Rh음성인 사람은 200명에 한 사람의 비율밖에 안 된다. 말하자면 일본인 중 Rh음성인 사람의 비율은 구미 사람의 30분의 1에 해당하는 매우 낮은 비율이다.

수혈 전에 A, B, O의 혈액형을 잘 조사하여 잘 맞는 피를 수혈했는데도 불구하고, 오한이 온다든지, 용혈(溶血)이 생긴다든지, 쇼크가 일어나는 일이 있는데, 이것은 Rh인자가 원인임이 밝혀졌다.

Rh음성인 사람에게 Rh양성의 적혈구를 수혈하면, 수혈 직후 그 사람의 혈청 속에 Rh인자와 응집을 일으키는 항체가 생긴다. 항체가 생긴 다음 재차 Rh양성의 혈액을 수혈하면, 속의 Rh인자와 수혈자의 혈액 속의 항체가 응집을 일으켜 심한 부작용을 가져온다.

신생아적아구증의 원인도 Rh인자와 관계가 있다는 것이 레빈 박사의 노력에 의해 증명되었다. Rh음성의 여성이 Rh양성의 남성과 결혼해서 임신하면, Rh인자는 유전적으로 우성이기 때문에 태아는 Rh양성으로 된다. 그리하여 만약 그 모체의 태반 발달이 불완전하여, 태아의 Rh인자가 모체 쪽으로 흘러 들어오는 일이 있으면, 모체 속에 Rh의 항체가 생기게 된다. 이 항체는 태반을 통과해서 태아의 몸으로 들어간다. 만약에 항체의 양이 대량이면, 태아의 체내에서 Rh인자의 항원항체 반응이 일어나 태내에서 사망해 버린다. 항체의 산생이 적으면 겉보기에 튼튼한 갓난아기가 탄생한다. 그러나 이윽고 모체로부터 옮겨진 Rh항체가 갓난아기 몸속의 Rh인자와 반응하기 시작하여, 신생아적아구증이 발병되어 황달로 사망하게 된다.

통계적으로 보면 미국 백인의 결혼 중 9퍼센트는 Rh음성의 여성과 Rh양성의 남성이라는 위험한 결합인 셈인데, 신생아적아구증은 다행히 이 짝의 40분의 1에서밖에 일어나지 않는다. 그렇기는 하지만 중매결혼하는 경우 Rh음성의 여성에게는 손금이나 관상보다 Rh음성의 남성이 궁합이 맞는다. 이성보다 감정이 앞서는 연애결혼의 경우에는 "내일이면 늦으리"가 되겠지만······.

충실한 보안관

시시각각으로 다른 백혈구 수

염증에서 나오는 비상소집

3억 5,000만의 결사대

백혈구는 1mm²의 혈액 속에 약 6,000개 있다. 그 수는 사람마다 다를 뿐만 아니라, 같은 사람이라도 여러 가지 조건으로 달라진다. 예를 들면 오후가 되면 많아지고 근육노동이나 식사 후에도 늘어난다. 세균에 감염되었을 땐, 임신, 해산 등의 경우에도 백혈구 수는 증가한다.

적혈구는 핵이 없고, 혈관 속으로 떠밀려가기 전에는 스스로 전혀 움직일 수 없지만, 백혈구는 핵이 있고 아메바처럼 움직일 수 있다.

백혈구는 세포질 속에 커다란 과립의 유무에 따라, 또 이 과립이 어떤 색소로 염색되느냐에 따라 구별된다. 과립이 중성색소로 잘 염색되는 호중구라는 백혈구는 운동이 왕성하여 1분 동안에 0.05mm나 이동한다. 그리하여 세균이나 망가진 조직, 이물로서 침입한 미립자 따위를 자기 몸속에 잡아넣고 소화효소로 녹이는 일을 한다.

모습을 보이지 않는 괴도처럼 화농균이 상처에서 몸속으로 몰래 침입하려 하면, 침입을 받고 염증을 일으킨 조직은 류코택신이라는 물질을 분비하고, 부근에 있는 백혈구에 비상소집을 건다. 호중구, 단구, 망양내피계의 세포들이 다급히 달려와서, 곧 보안관처럼 세균을 체포해 버린다.

단구는 적혈구의 2~3배 크기의 커다란 백혈구로서 호중구와 함께 경비보안계의 중요 멤버이다. 산성색소로 염색되는 커다란 과립을 가진 백혈구는 호산구라고 하며, 혈액 속에는 적지만 장이나 기관지의 벽에는 많이 존재한다. 이 과립에는 대량의 산화효소가 포함되어 있어, 세균이 내뿜는 독소 따위를 산화처리해 준다. 호염기구 속의 염기성 색소에 염색되는 과립은 헤파린이라고 하며, 혈액응고를 막는 역할을 한다.

세균이 침입하면 경비요원이 비상소집되며, 동시에 전신을 통해 경비요원의 증원이 이루어지고, 증원으로도 충족되지 않으면 미완성의 백혈구까지 동원된다. 백혈구와 세균의 싸움은 적을 백혈구 자신의 몸속에 잡아넣고 싸우는 백병전으로 때로는 백혈구가 적과 함께 전사하기도 한다.

고름(濃汁)이란 세균과의 용감한 백병전 끝에 전사한 백혈구의 시체, 죽은 조직의 파편, 조직의 분비물이 섞인 물질이다.

백혈구는 골수에서 만들어지는데(림프구만은 림프조직이나 비장에서 만들어진다), 골수 내의 백혈구 제조 장치와 적혈구의 그것과의 생산고의 비율은 3대 1로서, 백혈구가 생산되는 수가 훨씬 많을 것 같은데, 백혈구는 적혈구의 100분의 1의 수밖에 안 된다. 이것은 경비보안 임무에 충실한 백혈구는 100일 이상이나 생존하는 적혈구에 비해 현저히 단명(2~4일이라는 학자도 있으며, 최장 2주일이라는 견해도 있다)하기 때문이라고 한다. 혼자서 훌륭히 살아가고 있다고 호언장담하는 사람일지라도, 한 사람의 생명은 눈에 보이지 않는 수많은 물질들의 보호와 힘을 입고 지탱되는 것이다. 신체의 건강도 결사대원처럼 용감한 3억 5,000만의 백혈구의 나날의 희생에 의해 유지되고 있다.

5장

호흡기계

사과가 있는 공기통로

연골륜으로 둘러싸인 기관

먼지를 실어내 가는 컨베이어 장치

병에서 도망가는 후두조직편

입에서 위까지의 음식물이 통과하는 길을 식도라고 하듯이, 입에서 폐포까지의 공기의 통로를 기도라고 한다.

기도는 마치 나무뿌리를 머리 쪽으로, 가지를 폐포 쪽으로 거꾸로 세운 것 같은 형태이다. 기관은 나무줄기에 해당하며 지름 1.5cm쯤의 굵기를 가지고 있다. 길이 약 10cm, 그다음 두 갈래로 갈라져 좌우의 기관지로 되어, 새끼손가락 굵기만 하다. 그로부터 차례차례로 가지가 갈라지면서 점점 가늘어진다. 나뭇가지 끝쪽의 기관지는 지름 0.25cm쯤의 호흡세기관지에서 폐포관이 된다. 폐포관의 끝은 나뭇잎이 달린 곳에 해당하는데, 7억 5,000만 개에 달하는 반구상의 폐포가 달려 있다.

기관의 앞 벽은 반달 모양의 연골 고리로 둘러싸여 있어, 목을 구부리거나 앞에서 눌러도 기관이 납작해지지 않도록 되어 있다. 그 밖에도 목 부분의 기도에는 몇 개의 연골륜이 있어 기도를 보호하는 울타리 역할을 한다. 그중 하나에 목 부위의 갑상연골이 있는데, 성인 남자는 그곳이 마치 사과라도 걸려 있듯이 툭 나와 있다. '아담의 사과'라고 불린다.

　에덴동산에서 하느님이 최초로 만드신 인간 아담이 사탄의 유혹에 져서 하와가 권하는 금단의 열매인 사과를 먹었기 때문에 그것이 목에 걸려 생겼다고 한다. 또 밀턴의 『실낙원』은 지상의 지식에 반역하여 생각 없이 먹고 입을 씻고 숨겨도, 금단의 나무 열매를 먹었다는 사실은 어김없이 드러난다는 교훈을 말한다.

　기도로 들어가는 공기는 코 안에 있는 털로 우선 체질되어 큰 티는 걸러지지만, 작은 것은 더욱 안쪽으로 들어간다. 이런 먼지는 기도의 점액선에서 분비되는 끈적끈적한 점액이 파리잡이종이와 같은 막을 형성하여 잡는다. 먼지가 가득 붙은 이 파리잡이종이는 섬모운동에 의한 컨베이어 장치를 타고 밖으로 내보내져, 인두와 후두에 모인다. 그리하여 곧 기침으로 입 밖으로 나온다.

　기도의 섬모는 현미경으로나 볼 수 있는 가는 털인데, 입 쪽을 향해 믿기 어려울 정도의 센 힘으로 파도치고 있다. 개구리의 후두에서 섬모가 달린 조그마한 조직 조각을 잘라내 병 속에 넣으면, 그 조직편의 섬모가 탱크의 캐터필러처럼 움직여 조직편은 병의 벽을 기어올라 병 밖으로 나온다.

　매연으로 더럽혀진 공기를 항상 들이마시면 기도의 이러한 청소 기구에 능력 이상의 무거운 짐을 지우기 때문에, 점액의 과잉분비를 가져오고, 이 점액이 자극이 되어 기침이 빈발하게 된다.

    담배를 과도하게 피워도 마찬가지인데, 아무 데나 함부로 담뱃재를 털고 꽁초를 버려 거리 청소 담당자의 원망을 살 뿐만 아니라, 몸속의 기도 청소 담당 기구에도 불필요한 수고를 과중하게 지우게 된다.

거품고무로 된 큰 공장

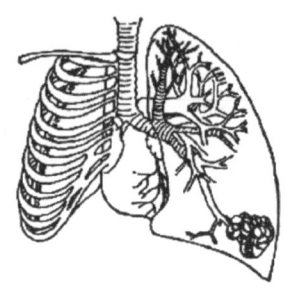

오른쪽 3개, 왼쪽 2개의 폐엽

폐포의 총넓이 56m²

자기 스스로는 움직이지 못하는 폐

등뼈와 가슴뼈(흉골) 사이에 펼쳐진 늑골의 바구니 속에 심장을 좌우에서 감싸는 것처럼 허파(폐)가 들어 있다. 오른쪽 폐에는 3개, 왼쪽에는 2개의 폐엽이 붙어서, 좌우 함께 끝(肺尖)을 위로 향한 원추형을 이루고 있다. 폐를 메스로 잘라보면 거품고무처럼 물렁물렁한 조직 사이에 크고 작은 기관지와 혈관이 뒤섞여 있는 것을 볼 수 있다.

예를 들면, 말린 청어알이 작은 입자의 모임인 것처럼, 기관지라는 나뭇가지(肺胞管) 끝에는 뽕나무 열매(오디)가 뭉치듯이 무수한 폐포가 모여 폐를 이룬다. 폐포의 한 알은 0.1mm 크기 정도의 미세한 것이지만, 그 수는 7억 5,000만 개에 달한다. 만일 하나하나의 폐포를 펴놓으면 놀랍게도 몸 전체 넓이의 25배인 56m²라고 하는 거대한 넓이가 된다.

이 작은 폐포 하나하나에는 거미줄처럼 가는 혈관이 꼼꼼하게 엉겨 붙어 있다. 이 혈관은 누에에서 나오는 실(명주실)보다도 더 가늘고, 적혈구(지름 8미크론)조차 일렬종대가 아니면 통과하지 못한다.

온몸의 혈액은 심장 펌프에 눌려 2~3분마다 폐포 주위의 이 좁은 혈관을 지나가야 한다. 전신을 돌아 피로해서 검푸르게 된 혈액은 폐포 공장에 보내져 신선하고 산소가 많은 공기와 접촉한다. 그곳에서 혈액은 운반해 온 이산화탄소를 버리고 산소를 받아들여 새빨간 싱싱한 혈액으로 바뀐다. 이 이산화탄소와 산소의 바꿔치기는 카페테리아에서 손님이 한 줄로 나란히 서서 음식을 받는 것과 비슷한데, 폐포에서 이루어지는 동작의 민첩함은 정말 놀라울 정도다.

폐포는 조그마한 가슴 속에 들어 있지만 56m²나 되는 접촉면을 가진 대공장이다. 가스교환의 주역 혈색소는 3,800m²나 되는 표면을 가진 약 22조 개의 적혈구 속에서 굉장한 속도로 빙빙 돌고 있다. 일의 능률이 높은 화학공장에 필적할 만하니, 놀랄 일이 아니다.

폐에는 스프링 작용을 하는 탄력섬유가 들어 있는데, 스스로 작동하는 장치는 없고, 흉곽 내의 압력의 증감에 따라 피동적으로 움직일 따름이다. 따라서 운동신경도, 아픔을 느끼는 지각신경도 없다. 단지 자율신경의 가지가 폐포에 분포돼 있어서 폐포가 부푸는 것을 조절한다. 깊이 숨을 들이마시면 폐포는 평상시의 배쯤으로 부푸는데 그때 흡기를 멈추라는 지령이 머리로 보내진다.

거꾸로 숨을 내쉬어 폐포가 오그라들면, 호기를 멈추고 숨을 들이마시라는 지령이 호흡중추에 보내진다.

정치에서도 좌파가 너무 강해져 폐해가 발생하면 우파 쪽이 머리를 들어 변증법적인 중간 점이 추구되듯이, 이 자율신경의 기능으로 들이마시는 숨과 내쉬는 숨이 마치 흔들이처럼 알맞게 되풀이되는 것이다.

목숨의 파동

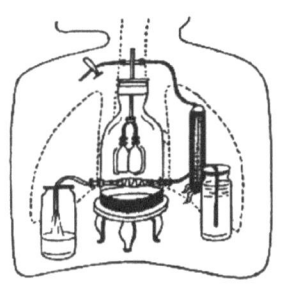

기침과 재채기의 다른 점

딸꾹질과 하품

흐느낌이나 웃음

　호흡운동에 수반되는 폐의 움직임을 알기 쉽게 설명하기 위해 헤이링의 모형이 있다. 우유병과 비슷한 모양의 유리병 바닥에 고무가 깔려 있다. 병 주둥이에는 공기가 새지 않게 가는 유리관이 관통된 고무 병마개가 끼워져 있다. 유리관 끝에는 고무풍선이 붙어서 유리병 속에 매달려 있다. 이 고무풍선에 바람을 불어넣는 꼭지는 유리관으로 밖과 연결되었으나 고무풍선과 병 사이에는 전혀 교통이 없다.

　이 모형에서 병 바닥의 고무막을 아래로 잡아당기면 병 속의 압력이 바깥보다 낮아지기 때문에 유리관을 통해 밖의 공기가 고무풍선에 들어가 부풀어 오른다. 바닥의 고무 막을 안으로 밀면 풍선은 오그라들고 유리관으로부터 공기가 나간다. 폐의 공기 출입은 이것과 같은 이치이다.

병 바닥의 고무막의 역할을 하는 것이 횡격막이다. 횡격막은 흉곽의 바닥에 엎어놓은 냄비 모양으로 펼쳐져 있는 얇은 근육막이다. 흉곽은 모형의 병에 해당하는 곳으로 등뼈와 흉골 사이를 늑골로 둘러싼 구조이다. 탄력은 있지만 딱딱하다.

횡격막이 오그라들면 냄비의 깊이가 얕아져 모형의 병 바닥의 고무막을 아래로 잡아당기는 것과 마찬가지 결과가 된다. 모형의 유리관은 기도(氣道)에 해당하고 고무풍선은 물론 폐를 뜻한다. 사람의 몸에서는 병 속 유리관이 둘로 갈라져 좌우에 고무풍선이 붙어 있다고 생각하면 된다. 폐와 흉곽의 안쪽 사이에 공기의 유통이 없는 것도 모형과 마찬가지이다.

숨을 들이마실 때는 횡격막이나 외늑간근이 크게 작용해야 하지만, 보통 숨을 내쉴 때는 오그라들었던 횡격막이 느슨해지기만 하고 다음에는 흉곽의 탄력에 의해 저절로 호기(呼氣)가 나간다.

기침이나 재채기를 할 때는 내늑간근이나 호흡보조근이 오그라들어 적극적으로 숨을 내쉬는 체제가 된다. 기침은 성문(聲門)을 닫은 채로 숨을 내쉬는 체제가 진행되어, 드디어 닫힌 성문이 억지로 열려 숨을 굉장한 속도로 내쉬게 되는 것이다. 재채기는 성문이 열린 때에 세게 숨이 내쉬어지는 점이 조금 다르다.

딸꾹질은 횡격막이 경련성으로 급격히 수축하기 때문에 짧고 날카로운 흡기운동이 생기는 것이다. 하품은 뇌의 산소 부족에 유래하는 반사적인 심호흡이다. 화사한 봄볕 아래, 안온한 하품도 있지만, 회의실이나 강의실에서의 하품은 곤란하다. 전염되기 때문이다.

한숨, 흐느낌, 그리고 웃음도 특수한 형태의 호흡운동이다. 마음이 개운치 않음이 저도 모르게 입으로 나오면 한숨이 된다. 흐느낌이나 웃음은 복잡한 마음이 다채롭게 아롱져 나타나는 호흡운동이다.

손에 땀을 쥐게 하는 장면을 보면 '숨을 죽이고', 마음이 뛰는 기쁜 장면을 보면 '숨을 할딱거린다'. 생명의 억양이 호흡운동과 밀접하게 연결되어 있다는 점은 매우 흥미롭다.

풀무에서 드나드는 공기의 구분

폐활량은 몸의 표면적에 비례한다.
버티는 힘은 폐활량보다 심장에 관계
사바세계의 공기는 먼저 고고의 소리로

힘껏 숨을 들이마신 다음, 맘껏 내쉬어 얼마만큼의 숨을 내쉴 수 있는가를 재는 것이 폐활량 측정이다. 건강한 성인남자의 경우 3,500~4,000mℓ가 보통이다. 폐활량은 몸의 표면적이 넓은 사람일수록 많다.

성인이 안정 시 한 번에 호흡하는 공기량은 400~500mℓ 정도이므로, 폐활량 크기의 10퍼센트 정도밖에 안 되며, 심한 운동을 했을 때도 1회의 호흡량은 기껏해야 그 사람의 폐활량의 절반 정도에 지나지 않는다.

폐활량이 크다고 해서 과격한 운동에 견딜 수 있는 것은 아니다. 유명한 마라톤 선수의 폐활량도 3,500mℓ밖에 안 된다고 한다. 일반적으로 육상선수보다 수영선수가 폐활량이 크지만, 마라톤, 수영 같은 격렬한 운동에서는 폐활량의 대소보다도 심장의 힘이 '버티는' 능력과 관계가 깊다.

평소대로 숨을 쉰 다음, 다시 숨을 내쉬려고 하면, 그래도 상당한 양을 내쉴 수 있다. 그리하여 이젠 더는 내쉴 수 없다는 한계에 도달해도 아직 폐 속에는 1,500㎖나 되는 공기가 남아 있다. 이를 잔기라고 한다. 그 상태에서 흉곽 속에서 폐를 몸 밖으로 잘라내면, 폐는 스스로의 탄력성으로 오그라들고 이 잔기의 대부분은 나가버린다. 그런데도 아직 소량의 공기가 끈덕지게 폐 속에 남아 있기 때문에 물에 띄우면 뜨고, 손으로 쥐어짜면 공기의 거품이 나온다.

어머니의 배 속에 있는 태아는 태반을 통해 산소나 양분을 받으므로 특별히 폐로 호흡하거나 음식을 취할 필요가 없으나, 일단 어머니의 태내에서 나오면 곧 스스로 호흡을 시작하지 않으면 살아갈 수 없다. 갓 태어난 아기는 우선 이 세상의 공기를 깊이 들이마시고 크게 내쉰다. 이것이 고고의 소리이다. 첫 울음소리를 내고 한 번이라도 폐에 공기가 들어가면, 설사 그 직후에 죽었다 해도 사산과는 달라진다. 그런 아기의 폐를 잘라내서 물에 띄우면 폐는 뜬다.

폐 속에 머물고 있어서 보통의 호흡으로는 움직이지 않는 공기(호기량과 잔기의 합계로 기능적 잔기량이라 한다)의 양은 3,000㎖에 달한다. 이는 격렬한 운동 시에 크게 호흡하기 위한 예비 공기로 남겨져 있다. 또 한편으론 이 가능적 잔기는 주위 환경의 급격한 변화에서 인간의 몸을 지키는 일종의 안전장치 역할을 하고 있다.

만약에 호흡을 할 때마다 폐 속의 공기가 전부 교체된다면 어떻게 될

까? 연탄난로를 활활 피운 밀폐된 방에 들어서서 한 번 호흡만 해도, 폐 속은 일산화탄소로 충만하여 도망갈 겨를도 없이 중독될 것이다. 마취약을 흡입시켜 환자를 몽혼시키려고 할 때도 방해가 되는 것은 폐 속에 남아 있는 이 기능적 잔기이다. 흡입된 마취약이 이 잔기에 희석되어 몽혼되는 농도에 도달하기가 어렵기 때문이다.

극단적인 사상을 가진 사람이나 그 자리의 분위기에 쉽게 좌우되는 사람은 역사나 전통이라는 '잔기'가 적은 사람이다. 그러나 예술가의 날카로운 감수성이나 사상가의 투철한 통찰은 '잔기'를 부정하는 데서 비롯되는 것일지도 모른다.

생명의 파동을 제어하는 것

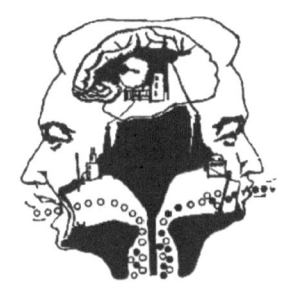

호흡을 왕성하게 만드는 이산화탄소

차게 느껴지면 깊은숨을 들이마신다.

코나 눈으로부터의 반사로 호흡

심호흡을 몇 번이고 계속하면, 그 뒤에 잠시 호흡이 완전히 멈추거나 작아지고, 호흡수도 줄어든다. 거꾸로 호흡을 멈추고 참은 채로 1분쯤 지나면 아무래도 숨을 쉬지 않고는 견딜 수 없게 된다. 심호흡을 몇 번이나 했을 때는 혈액 속의 이산화탄소가 줄어 있기 때문이다.

숨을 참고 안 쉬고 있다가 견디지 못하게 되었을 때 조사해 보면, 혈액 속에 산소는 줄고 이산화탄소가 늘어나 있다. 숨을 참기 전에 산소를 충분히 들이마셔도 마찬가지로 참지 못한다. 이때 혈액에 산소는 줄지 않고, 단지 배설해야 할 이산화탄소만 많아진다.

요컨대 산소가 아닌 혈액 속에 포함된 이산화탄소가 호흡을 지배하는 뇌의 부분(호흡중추)에 작용해서 호흡을 계속하게 만드는 것이다.

호흡중추는 제4뇌실저에 있으며, 호흡에 관해서는 최고의 명령권을 가진다. 열이 있을 때처럼 온도가 높은 혈액이 호흡중추에 직접 순환되어 호흡을 빠르게 하는 일도 있으나, 뇌의 다른 중추에서 회송되어 온 지령에 따라 작동하는 일이 많다. 짧은 시간이라면 자기의 의지로 호흡을 멈출 수 있다는 것은 단시간이라면 호흡중추가 대뇌의 지시에 복종할 수 있음을 보여준다.

폐포의 부푼 정도로부터 미주신경을 중개해서 호흡중추에 지령이 회송되며, 총경동맥의 갈림길에 있는 경동맥체는 산소 결핍에 대응해서 호흡중추의 활동을 촉진한다. 피부에 차가운 느낌을 주면 갑자기 깊은 숨을 들이마시게 된다. 음식물을 삼킬 때는 먼저 그것이 인두를 자극해 일시적으로 호흡을 멈추게 하고, 음식물이 통과하는 동안에 기관 쪽으로 빨려드는 것을 방지한다. 코감기에 걸려 코에 염증이 생겼다든지, 어두운 방에서 갑자기 밖으로 나와 하늘을 쳐다보면 재채기가 나오는 것은 코나 눈으로부터의 반사에 의해 특별한 형태의 호흡이 유도되기 때문이다.

간뇌에는 슬픔과 고통 따위의 단순한 감정을 지배하는 사령부가 있어서, 울거나 웃는 것을 총괄한다. 울 때 흑흑 흐느끼는 호흡, 웃을 때 연속해서 숨을 내쉬는 운동은 모두 간뇌에서 호흡중추로 지령이 회송되어 일어난다.

이렇게 정신상태가 호흡에 영향을 미치는 것과 정반대로, 호흡이 정신상태에 강한 영향을 미치는 좌선이나 요가 수도자의 수도에서는 호흡 방법이 중요시된다. 사람들이 힘을 합쳐 노를 젓는다든가, 무거운 짐을 나를 때, 완만한 노랫가락에 소리를 맞추는 것은 '호흡을 맞추어' 힘의 통합을 꾀하기 위해서이다.

양쪽 어깨를 무리하지 않을 정도로 뒤로 젖히고 조용히 숨을 내쉰다. 잠시 후, 이번에는 폐가 기분 좋게 가득해질 때까지 깊게 천천히 숨을 들이마신다. 이렇게 12~13회 반복하면 우울증에 효과가 있다고 권하는 사람이 있다. 한숨을 쉬는 것보다 적극적으로 숨을 내쉬는 쪽이 상쾌하다는 뜻일 것이다. 숨을 쉰다는 영어가 동시에 의기를 북돋아 준다는 뜻도 가진 것은 흥미롭다.

6장

소화기계

부지런한 일꾼인 문지기

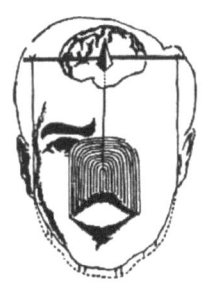

입은 먹는 일만 하는 것이 아니다.
입부터 먼저 자란다.
저작의 메커니즘

어느 고을의 인구가 몇 명이라고 하듯이 입이 사람 전체를 대표하는 일이 있는데, 확실히 입은 여러 가지 중요한 일을 한다. 무엇보다도 우선 음식물의 입구가 닫혀서는 생명을 보전할 수 없다. 조용한 호흡은 코만으로도 되지만, 호흡이 더욱 격해져서 허덕일 때는 입으로도 호흡하지 않으면 괴로워 견딜 수 없다.

인간을 다른 동물보다 뛰어나게 발달시켜 오늘날의 문명을 가져오게 한 원동력의 하나는, 인간이 말을 하게 된 데에 유래한다. 그리고 말을 발음할 때에는 공명함으로서의 구강, 그리고 공명함을 조절하는 혀, 진음을 낼 때의 입술 동작은 없어서 안 될 것들이다.

막 태어난 갓난아기는 눈이 보이지 않고 손발도 제대로 움직일 수 없는데도 젖을 빠는 복잡한 입의 운동은 훌륭히 할 수 있다. 놀랍게도 입을 움직이는 신경이나 근육은 어머니 배 속에 있을 때 이미 완성된다. 입부터 먼저 태어난 사람은 없지만, 입부터 먼저 자란 것이 틀림없다. 혼수상태에 빠졌거나 몽혼상태에 있던 갓난아기의 의식이 회복될 때, 우선 젖을 빠는 입의 움직임이 최초로 회복된다.

음식물을 씹는 동작은 확실히 자신의 의지로 언제든지 자유자재로 할 수 있으나, 평상시 식사 중에는 턱을 올렸다 내렸다 하는 운동을 의식하지 않는 것이 보통이다. 음식물을 씹고 턱을 닫으려 하면 잇몸이나 구강점막에 압박감이 점점 커진다. 그러면 입을 닫는 근육의 동작은 반사적으로 멈춰지고, 입을 여는 근육이 활동을 개시한다. 저작은 이러한 일들이 자동적으로 순서 있게 반복되며 이루어진다. 이 아래턱을 올렸다 내렸다 하는 반복 운동은 수술로 뇌를 완전히 떼어버린 동물에게서도 아래턱에 추를 달고 입을 벌려주면 반사적으로 일어난다.

입으로 물고 잡아당기는 힘은 훈련으로 상당히 강해질 수 있는 모양이다. 자동차를 로프로 매어 입에 물고 잡아당기는 쇼맨을 TV에서 본 적이 있다. 무는 것은 원시인의 중요한 전투 무기였는데, 초등학교 어린이들 사이에서는 입으로 침을 뱉는 것만으로도 어엿한 전투 무기의 구실을 한다.

입 둘레에는 많은 종류의 근육이 있어서, 입을 오므리거나 위로 끌어 올리거나 한일자로 굳게 다무는 등의 움직을 통해 표정을 크게 바꿀 수 있다. 뾰족한 입은 불평불만을, 한일자 입은 결의와 인종을, 凹(요)형은 기쁨, 미소를 나타낸다. 어처구니가 없어지면 벌려진 입이 닫히지 않으며, 닫히지 않고 열린 입은 얼핏 보아 그리 영리해 보이지 않는다.

갓난아기의 입 양쪽 근처를 가볍게 어루만지면 그 자극으로 입이 웃는 형태가 되는데, 그렇게 되면 기분도 웃을 때의 기분으로 바뀌어 심신상태가 좋아진다. 어른도 웃는 표정으로 마음에서부터 화를 내는 것은 확실히 어렵다. 우선 미소를 입가에 띄우고, 행복한 표정을 짓는 것이 행복감을 자기 것으로 만드는 비결이라고 할 수 있을 것이다.

몸에서 가장 단단한 장치

수정보다 단단한 에나멜질

속이 빈 치아

나이테 비슷한 에나멜질

입을 벌리면 보이는 이의 부분은 이 끝의 치관뿐인데, 실제로는 땅에 박은 말뚝처럼 눈에 보이는 지상의 부분 이외에 흙 속에 파묻힌 부분이 있다. 잇몸과 턱뼈 속에 파묻힌 이의 부분을 치근이라 한다.

턱뼈에는 치조라는 치근을 수용하는 깊은 웅덩이가 있어 치근막이라는 섬유의 집합체가 치근과 치조 사이를 메우고 있다. 치근막의 섬유는 한쪽 끝은 치조의 뼛속에, 다른 한쪽 끝은 치근의 시멘트질과 연결되어 있다. 위에서 내려다본 이빨 한 개의 치조를 자전거 바퀴에 비유하면 차축이 이빨, 치근막이 스포크와 같은 관계로 되어 있다. 이를테면 이빨은 치근막의 섬유로 사방에 매달려 있는 형태로 되어 있다. 그리고 치근막은 차륜의 스포크와 마찬가지로 이에 가해진 힘이 직접 주위의 턱에 파급하지 않도록 충격 완충장치와 같은 작용을 한다.

단단한 물건을 씹는다든가, 복싱이나 교통사고로 턱을 강하게 얻어맞았을 때 이가 부러지거나 치조가 파손되지 않도록 하기 위한 장치이다.

이를 세로로 자른 단면을 보면, 치관 부분은 표면이 반투명의 흰 에나멜질로서 그 내부에 노란 색깔을 띤 상아질이 있다. 치근부는 외부가 시멘트질, 내부는 상아질로 되어 있어서 어느 것이나 단단한 물질이다.

그중에서도 가장 단단한 것은 에나멜질로 수정에 가까운 경도를 지니는데, 광물의 경도계로 6~7도라는 숫자가 나온다. 상아질은 에나멜질보다 약간 연해 경도계로 4~5도인데, 치밀한 재질로 잘 부서지지 않고 취약하지 않다. 시멘트질은 골세포 비슷한 산 세포를 그 속에 함유하고 있으며, 치근막과 함께 외부에서 영양을 보급받아 사는 조직이다.

팔다리의 뼈가 '장관상골'이라 하여 대나무 줄기처럼 속이 빈 파이프처럼 되었듯이 이도 내부에 바깥 모양과 비슷한 형태의 비교적 넓은 공동(空洞)이 있다. 이는 살아 있을 때는 치수라 불리는 연한 조직으로 채워져 있는데 치수는 가는 혈관과 신경으로 턱뼈와 연결되어 있다.

에나멜질을 세로로 잘라 그 단면을 보면, 서로 평행으로 줄진 층이 겹쳐져 있어 마치 벼랑의 표면에 해마다 퇴적한 지층이 선명한 층을 만든 형태이다. 놀라운 것은, 같은 사람에게서 같은 시기에 나온 이에는 꼭 같은 이 층이 새겨진다. 나무의 나이테가 그해의 봄에서 가을까지의 성장을 나타내듯, 이 에나멜질의 층은 그 층이 생성되었을 때의 온몸의 신진대사의 상황을 정확하게 보여주며, 같은 시기의 이의 에나멜질의 종단면을 맞춰 보면 마치 동일한 피스톨에서 발사된 탄환의 조흔(條痕)처럼 완전히 일치한다.

원숭이의 송곳니(犬齒)는 암컷에서는 앞니(門齒)와 거의 같은 크기지만, 수컷의 송곳니는 길고 커서, 투쟁적인 수컷과 새끼를 키우는 암컷과는 확실하게 구별된다.

사람의 경우는 이미 이런 분명한 차이를 볼 수 없다. 인간이 야수와 달리 '평화스러운 동물'이 된 증거라고 보는 생각도 있다.

윤활제와 소화액

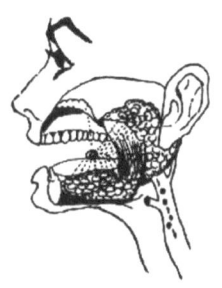

잘 씹으면 3초 만에 위로

술은 여자의 타액에서

타액과 조건반사

타액선의 주요한 것은 얼굴 양쪽에 세 개씩 있다. 귀의 부착부의 앞 아래쪽에 '유행성 이하선염' 때에 붓는 이하선과 아래턱뼈(하악골) 울타리 속에 둘러싸여 있는 악하선, 그리고 혀 밑에서 악하선과 이웃이 된 설하선, 이렇게 세 가지이다.

타액선은 끈적끈적한 점액을 내는 선과, 탄수화물(녹말질)의 소화효소인 프티알린이 많이 들어 있는 담백한 타액을 만드는 장액선, 그 양쪽을 분비하는 혼합선으로 구별할 수 있다. 이하선은 장액선이고, 악하선과 설하선은 혼합선이다.

잘 씹혀 타액과 섞인 입속 가득한 음식물이 위까지 미끄러져 내려가는 데는 3초밖에 걸리지 않는 데 비해, 침이 잘 섞이지 않은 딱딱하고 마른 음식은 15분이나 걸린다.

밥을 입속에서 오래 씹으면 단맛이 나는 것은 타액에 의한 소화작용으로 당이 만들어졌음을 보여주는 증거이다.

술을 만든다는 뜻의 '양조한다'는 말은 일본어로 '씹는다'에서 왔다고 한다. 부드럽게 지은 밥을 잘 씹어 단맛이 날 때 항아리 속에 뱉어 저장하면 자연히 발효되어 술이 된다. 먼 옛날, 남쪽 나라 상하의 섬 지방에 흩어져 살던 민족들은 달밤에 예쁜 소녀를 골라 이렇게 술을 만들었다고 한다. 일본에서도 나라(奈良)시대까지는 마찬가지로 '사케도지(酒刀自)'라고 불리는 여인의 타액에 의해 기신제를 위한 술을 만들었다.

음식물이 입속에 들어가면 반사적으로 이내 침이 넘쳐흐르는데, 맛있는 음식이 눈앞에 있거나 빈속일 때 맛있는 음식 냄새를 맡거나, 심지어 이야기를 듣기만 해도 침이 흘러나온다.

개에게 식사를 줄 때마다 같은 소리를 들려주면, 그 소리를 듣기만 해도 타액이 마구 분비된다. 이리하여 어떤 소리에 대해 조건반사(파블로프 발견)가 이루어진 개에게 이번에는 소리를 들려주고 음식을 주는 절차에 더해, 눈부신 광선을 비춘 후에는 식사를 주지 않는 조작을 번갈아 반복하면 재미있는 현상이 일어난다.

우선 동물은 소리를 듣고 침을 흘리는 반사를 잠시 잊어버린다. 그러나 2~3개월 동안이나 계속하면, 다시 그 소리에 반응해 침을 흘리게 되고, 광선은 타액을 멈추게 한다. 그리고 여기까지 오면, 이 소리에 대한 반응과 광선에 대한 반응과의 구별은 매우 정확하게, 그리고 명백하게 이루어진다.

그런데 이렇게 된 다음이라도, 개를 화나게 하거나 몹시 배고프게 한다든가 성적으로 흥분시키면, 뜻밖에도 이 구별은 쉽게 엉망으로 깨져버린다. 조건반사는 오로지 대뇌의 작용에서 비롯되는데, 분노 때문에 벌컥 성을 내거나, 동물적인 욕망을 강하게 느끼면 하면 고상한 뇌의 작용은 완전히 쓸모없게 된다는 것이 분명히 증명되었다.

긴 세월 정성 들여 학문의 연구를 쌓은 사람이라도, 스스로의 내부세계에 몰아치는 폭풍우로 인해 갑작스럽게 영향을 받는 것도 동물인 인간의 어쩔 수 없는 약점일 것이다.

혈액의 소제기

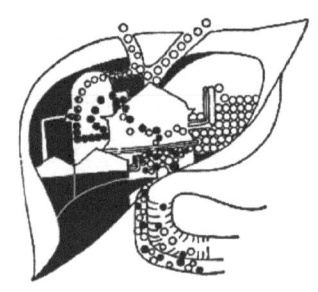

몸속에서 가장 무거운 장기

알코올이나 니코틴의 처리담당

호르몬의 뒤처리도

심장처럼 박동을 하지 않으며, 위처럼 움직이거나 소리를 내지도 않는 '침묵의 장기'인 간이지만, 예로부터 중요한 일을 '간요(肝要)'나 '간명(肝銘)' 등으로 표현한 것을 보면, 간을 중요한 장기라고 생각한 모양이다.

간은 배 속 오른쪽 위, 횡격막 밑에 늑골로 된 바구니에 둘러싸여 자리 잡고 있다. 무게 약 1.3kg으로서 뇌와 더불어 몸속에서 가장 무거운 장기이다. 간 기능은 소소한 것까지 계산하면 500종류에 이른다고 한다.

우선 간은 하루에 1ℓ 가까운 쓸개즙(담즙)을 만들어 십이지장에 보내서 지방의 소화흡수를 돕는다. 황달 환자의 노란 피부색이나 대변의 황금색은 모두 이 쓸개즙 속의 색소에 유래하며, 원래는 낡은 적혈구 속의 혈색소로부터 만들어진다.

장에서 흡수한 영양소를 섭취한 혈액은 반드시 한 번 간이라는 여과장치를 거쳐 전신의 혈액과 섞이게 되어 있다. 탄수화물은 소화돼서 포도당이 되고, 단백질은 분해되어 아미노산으로 해체되는데, 이것이 간으로 보내지면 각기 글리코겐으로 바뀌어 간 내 창고에 저장되기도 하고, 그 사람의 특유한 단백질로 조립되기도 한다. 비타민 A, D, B_{12} 등도 마찬가지로 간의 창고 속에 저장되어, 필요에 따라 혈액 속으로 방출되는 시스템이 되어 있다.

알코올이나 니코틴은 간에서 완전히 산화되어 무독화되며, 입으로 들어간 독이나 소화 과정 중에 생긴 유해물질도 간에서 복잡한 화학반응 끝에 해가 없는 것으로 만들어진다. 예를 들면 고기를 먹었을 때, 그 소화 중에 만들어지는 암모니아는 만약 그대로 몸 안을 돌면, 신경계통을 교란하여 격렬한 경련을 일으키기에 충분한 양에 달한다. 그러나 장으로부터의 암모니아를 함유한 혈액이 간을 통과할 때쯤에는 암모니아는 완전히 해롭지 않은 요소로 바뀌어 잠시 후 콩팥(신장)을 통해 배설된다.

신체에 이로운 약물에 대해서도 간은 용서가 없다. 대부분의 약물은 독과 같은 대접을 받아 약으로서의 작용을 잃게 된다. 몸속에서 호르몬의 과잉생산이 이루어지면, 그 뒤치다꺼리를 하는 것도 간이다.

뇌나 심장의 세포는 한 번 죽어버리면 다시 원래의 세포로 재생되지 않지만, 24시간 내내 중노동이 부과되어 과로에 빠지기 쉬운 간세포는 설사 죽어도 몇 번이고 반복해서 새로운 세포로 교체된다.

"인생은 살 값어치가 있는가" 하는 질문에 대해 "그것은 리버에 달려 있다"고 대답하는 문답이 있다. 영어로 '살아가는 사람'이라는 낱말과 '간'을 뜻하는 낱말이 우연히 동일한 철자로서 liver인데, 간이 건강에 대해 차지하는 중대한 역할을 생각하면, 이 문답의 liver는 간이라고 이해해도 될 것 같다. 인생은 모름지기 즐길지어다—라고 하는 분위기가 팽배한 오늘날, 강간제(強肝劑) 붐이 일고 있는 것도 다 까닭이 있다고 하겠다.

중추의 시소에 조종되는 원동력

위가 없는 사람도 공복감은 있다.

전기 자극으로 만복감

식에 얽힌 가지각색 마음

식욕은 공복감에서 시작된다. 과거에는 공복감이 빈 위에서 뇌로 신호가 보내지기 때문에 생기는 것으로 여겨졌다.

가늘고 긴 고무관 끝에 두꺼운 고무풍선을 달아 삼키게 한 후, 고무풍선이 위 속에 들어간 다음에 약간 부풀게 한다. 입 밖에 나온 고무관 끝에 탐불이라는 장치를 달면, 위가 수축운동을 일으켜서 고무풍선을 압박하는 정도에 따라 지침이 상하로 움직여 운동의 상황을 기록할 수 있다. 이렇게 해서 본 결과 위의 운동이 왕성할 때, 그 사람의 위는 비어 있고 반드시 공복감을 느낀다.

그런데 외과수술이 발달해서 위를 전부 잘라내는 수술이 자꾸 시행되자 이런 생각이 잘못되었다는 것을 알게 됐다. 완전히 위가 없는 사람도 공복감을 느끼며, 물론 식욕도 생긴다.

몇 해 전에 뇌를 연구하던 미국의 학자들이 재미있는 발견을 하였다. 흰쥐의 뇌 시상하부 안쪽 부위인 복내측핵을 수술이나 약물의 주입으로 파괴했더니, 그 쥐들은 맹렬하게 먹이를 먹기 시작하여 순식간에 뚱뚱해졌다. 또 성숙한 숫쥐의 시상하부 외측부에 정밀한 수술에 의해 미리 전극을 넣고 암쥐와 같은 상자에 넣어 관찰한즉, 바닥에 흥건히 먹이를 뿌려두었는데도 숫쥐는 먹이는 거들떠보지도 않고 암쥐에게만 관심을 나타냈다. 그런데 이 전극에 약한 전류를 흘려 자극을 주기 시작하면, 금방 암쥐에게는 등을 돌리고 먹이를 마구 먹기 시작한다. 그러나 자극을 중지하면 또 먹이를 먹는 것을 그만두고 이성에게만 관심을 보인다.

이번에는 시상하부의 안쪽에 전극을 넣고 전류를 통하여 본즉, 외측부를 자극했을 때와 꼭 반대로, 전혀 먹이를 먹지 않게 된다. 이렇게 된 다음에도 억지로 입에 먹이를 넣어주면 삼키는 것을 보아, 먹이를 먹는 메커니즘에는 고장이 없다는 것을 알 수 있다. 개, 원숭이에서도 동일한 현상을 볼 수 있으며, 사람에서도 총알 따위에 의해 시상하부가 손상되면 식욕의 이상증진이 일어나는 것이 알려졌다.

결국 시상하부의 안쪽 핵(核)에 혈액 속의 영양소의 증감에 따라 만복감을 느끼는 신경중추가 있으며, 바깥쪽 핵에 공복감을 느끼는 중추가 있다는 것이 된다. 그리하여 이들 중추에 느낌이 생기면 그것은 대뇌변연계로 전달되어, 거기서 '식(食)'에 얽힌 가지각색의 마음이 형성되며 그것에 따라 모든 행동이 일어나게 된다.

　인간을 어쩔 수 없는 행동으로 몰아넣는 기본적인 욕망 가운데서 식욕은 가장 절실한 원동력 중 하나이다.

　따라서 '최저'의 식욕을 충족시키기에 족한 임금이라면, 확실히 임금인상 투쟁이 정당화될 '마패'일 수도 있다. 단 이 경우에 엥겔계수를 어느 정도 높게 잡아야 한다는 전제가 필요할 것이다.

담즙의 농축공장 겸 창고

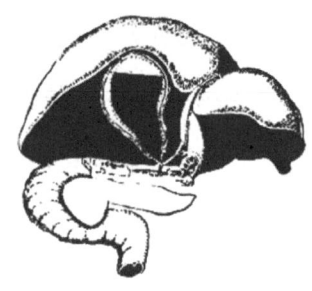

간 밑, 가지 모양의 주머니

지방의 흡수에 없어서 안 될 담즙

담즙질과 점액질

담낭(쓸개)은 진한 녹색을 띠며, 길이 7~8cm, 너비 4cm 쯤 되는 가지 모양의 주머니로서, 간의 아래쪽에 붙어 있다. 간에서 만들어진 담즙(쓸개즙)은 수담관을 통해 십이지장으로 보내지는데, 그 관 중간에 갈라진 곳에 이 주머니가 달려 있다. 담즙은 십이지장으로 나가 활약하기 전에 담낭 속에서 대기하는 셈이다. 간에서 하루에 만들어지는 담즙의 분량은 성인이 500~1,000㎖에 달하며 24시간 쉴 새 없이 분비된다. 담낭에 저장되어 대기하는 사이에 수분이 흡수되고 점액이 가해져 점점 진해진다.

담낭 조영제를 주사하여 X선 사진으로 조사하면, 담낭 속의 담즙이 짜지는 것은 섭취한 지방이나 단백질이 위를 지나 십이지장 속으로 들어왔을 때란 것을 알게 된다. 특히 담낭은 기름진 음식을 먹으면 곧 수축을 시작하여, 고인 진한 담즙을 남김없이 짜낼 때까지 2~3시간 동안 수축을 계속한다. 담즙이 지방의 소화에 없어서 안 된다는 것을 생각하면, 지방을 먹은 후에 진한 담즙이 타이밍을 맞춰 분비되는 것은 참으로 안성맞춤이다. 담낭의 임무는 바꾸어 말하면, 계절과 관계없이 묵묵히 만들어 놓은 제품을 좋은 기회가 올 때까지 진하게 저장해 두는 농축공장과 창고의 역할을 수행하는 것이다.

담낭이 수축하는 타이밍에 관한 정보는 매우 빠르게 소장의 현장에서 뇌로 전달된다. 뇌에서 담낭 쪽으로 수축 명령이 내려오면, 이번에는 자율신경을 통해 전달되어 한편으로는 담낭을 수축시키는 동시에 또 한편으로는 담도의 십이지장으로의 출구를 여닫는 오디씨근을 이완시켜 문을 열게 하여 진한 담즙을 흘려보낸다. 담낭으로부터의 담즙 배출이 원활하게 되기 위해서는 주머니 전체가 내용물을 짜낼 수 있게 오그라드는 것과 출구의 문이 열리는 두 가지 일이 동시에 잘 이루어져야 한다. 담즙이 담낭 속에 정체되면 담낭염이나 담석증의 원인이 된다.

간은 오장의 하나이며, 음양오행설에서 쓸개는 그것에 대응한 부(腑)이다. 그리하여 해부학적으로 보면 '간담상조'하여 서로 이웃하고 있다. '쓸개 빠진 사람' 하면 제정신을 바로 차리지 못한 사람을 가리키고, 어지간한 일에 좀처럼 동요하지 않는 사람을 '담력'이 있는 사람이라고 한다.

서기 2세기쯤 갈레노스 시대부터 사람의 감정이나 정서의 특성을 나타내는 유형으로 담즙질이라는 기질이 고려되었다. 의지가 강하고 적극적이며 정열가로서 화를 잘 내는 것이 그 특징이다. 칸트가 말한 활동성 기질은 이 담즙질과 대동소이하며 점액질과 대조적이다. '담'이 큰 사람과 위세가 좋은 담즙질 사람의 이미지가 동양과 서양의 거리가 멀다는 점에도 불구하고 상통점이 많은 것은 흥미롭다.

소화의 만능선수

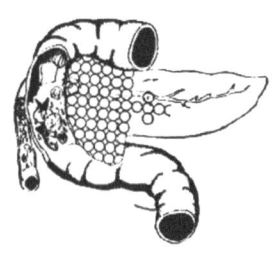

만능하고 강력한 소화액
호르몬을 만드는 랑게르한스섬
인슐린과 당뇨병

췌장은 위의 뒤쪽에 자리 잡은 길이 15cm, 너비 5cm, 무게 100g 정도의 가늘고 긴 장기이다. 췌장의 임무는 두 종류의 분비액을 만들어 그중 하나를 전용의 파이프를 통해서 십이지장에 보내고, 또 하나를 직접 혈액 속으로 흘려보내는 것이다.

췌장의 외분비액인 췌액은 실로 다채롭고 강력한 소화액이다. 소화액에는 제각기 분명한 임무 분담이 있다. 예를 들어 타액은 탄수화물(녹말질)을 소화하지만, 단백질이나 지방에는 아랑곳하지 않는다. 위액은 녹말질이나 지방과는 전혀 관계없이 오로지 단백질의 소화에만 관여한다. 그러나 췌액은 지방을 소화할 뿐만 아니라 탄수화물, 단백질도 소화하여, 위나 타액선이 고장을 일으켜도 췌액만으로 그 어느 것의 대역도 충분히 해 낼 수 있을 만큼 강력하다.

췌장은 하루에 1ℓ 이상의 췌액을 만들어 낸다. 동물실험으로 자세히 조사해 보면, 음식물이 위를 지나 십이지장에 도달했을 때 비로소 췌액이 자꾸 흘러나오는 것을 알 수 있다.

그런데 화학용 염산을 십이지장에 넣기만 해도, 또는 몸 밖으로 잘라 낸 십이지장의 절편을 염산으로 삶아 그 즙을 주사해도 췌액의 유출이 시작된다. 단 이렇게 나오는 췌액은 양은 많지만 엷어서 가장 중요한 소화효소가 적다. 맛있게 보이는 음식을 눈으로 보고, 혀로 맛보면 반사적으로 양은 적지만 소화력이 강한 췌액이 췌장 속에서 만들어지기 시작한다.

몇 시간 후에 위에서의 소화가 끝나고 음식물이 십이지장으로 보내지면, 음식물에 스며든 위액의 염산과 십이지장의 점막과 접촉하여 췌액의 분비를 명령하는 물질이 만들어져 혈액 속으로 나간다. 이리하여 타이밍이 잘 맞게 만들어진 진한 췌액과 양이 많은 엷은 췌액이 함께 십이지장 속으로 나가게 된다.

췌장의 또 하나 중요한 임무인 내분비는 췌장조직 속의 특별한 세포의 집합체인 '랑게르한스섬'에 의해 이루어진다. 각각의 섬은 지름 0.1~0.2mm 정도의 미세한 조직이지만, 췌장 전체에 2만 개 이상의 다수가 분포해 있다. 이 섬조직은 인슐린이라는 호르몬을 만들어 섬을 둘러싼 모세혈관속으로 직접 내보낸다.

음식물이라는 연료를 끊임없이 태워 운전하는 인체를 보일러에 비유하면, 인슐린은 보일러의 바람구멍을 여는 역할을 한다. 인슐린이 결핍되면 바람구멍이 닫혀 보일러는 불완전연소를 일으키고, 그을음이 가득 차서 석탄(식량)을 지피면 지필수록 검은 연기만 나와 손을 댈 수 없게 된다. 인슐린의 결핍은 당뇨병을 발생시켜 혈액 속의 포도당 농도가 높은 채로 있게 되고, 지방의 불완전연소 때문에 산성의 중간물질도 가득히 고여 마침내는 기계가 멈추게 된다. 공기구멍을 시원하게 열어 이런 상태를 해소해 주는 것이 인슐린이다.

감정과 공명하는 소화 공장

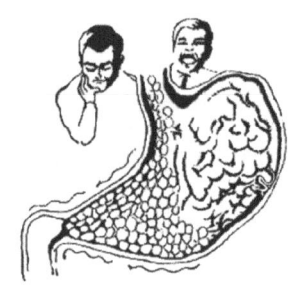

음식물은 들어간 순으로 층을 이룬다.
위액이 위를 소화하지 않는 까닭
위에 좌우되는 감정

　식도를 통해 위로 들어간 음식물은 위 속에 엉망진창으로 쌓이는 것이 아니라 뜻밖에도 먼저 들어간 순번으로 질서 있게 층을 이루어 겹쳐진다. 위의 중요한 임무인 음식물과 위액을 골고루 섞는 일은 음식물이 유문 쪽으로 보내진 다음에 시작된다. 단 액체만은 고형물이 위에 차 있어도, 위의 위아래 벽(胃壁)을 따라 한발 먼저 장 쪽으로 갈 수 있다.
　위가 해야 할 중요한 일의 하나는 위액을 분비하고, 단백질을 소화하며, 또한 위액 속의 염산의 살균력에 의해 위 내용의 부패나 발효를 막는 일이다. 위액 속의 염산은 굉장히 진하여 (0.4~0.5퍼센트) 고추나 겨자 등의 자극성 식품, 즉 향신료의 어느 것보다도 강한 자극작용을 가진다. 다행히 건강한 위의 내면은 놀라우리만큼 저항력이 강한 점액으로 덮여, 이 점액으로 완전히 덮여 있는 한은 위벽은 위액에 대해서는 물론, 어떤 자극성 음식을 먹어도 견딘다. 그런데 어떤 이유로 이 점액의 방어 진지에 파탄이 생기면, 위액 스스로 위를 소화하게 되어 위궤양이 발생한다. 그리하여 일단 궤양이 발생하면, 사소한 자극으로도 강렬한 동통을 일으키는 등의 격렬한 반응이 쉽게 초래된다.

위는 결코 축 늘어난 가죽주머니가 아니다. 맨 안쪽의 점 막층과 바깥쪽의 장막과의 사이에 끼어 있는 3층의 근육층에는 일정한 긴장이 있으며, 또한 15~20초의 간격을 두고 위 체부에서 유문 쪽으로 연동이라는 수축의 파도가 물결치고 있다. 연동이란 위장의 내용물을 위에서 아래쪽을 향해서 훑어가는 움직임을 말하며, 위와 장의 내용물은 이 운동에 의해 점차로 항문 쪽으로 이동하게 된다.

생후 얼마 안 되는 갓난아기의 감정을 지배하는 것은 위의 부푼 상태이다. 위가 비어 배가 고파지면 곧 고통이나 고뇌의 감정이 생기며, 반대로 만복은 기쁨이나 여유 있는 기분과 연결되어 있다. 이 심리적 관련은 성장해 가는 긴 시기 동안에 점점 습관이 되어버리고 만다.

어른의 세계에서도 떠들썩한 의론은 위에 가득히 음식물이 들어 있는 상태에서는 일어나기 어려우며, 만복의 자리에서는 졸림(식곤증에 기인한)을 동반한 평화가 만당에 차서 의론이 첨예화되기 어렵다.

갓난아기 시기의 이러한 위와 기분과의 관련성은 점차 반대 방향으로도 연결된다. 즉 격심한 분만이나 질투는 위를 굶주림 때와 같은 상태로 만들어 위액을 많이 분비시키며, 불안이나 공포는 위를 정지시키고 구역질을 유발하기도 한다.

"사촌이 논을 사면 배가 아프다"는 말은 시샘이 나면 자동으로 불평, 불만, 불쾌감이 쌓여 배가 아프기 마련이라는 뜻이다. 영어로 '위(stomach)'라는 말을 사용하면 '참는다'는 뜻이 된다.

이처럼 위는 음식물의 일시적인 저장소이자 소화를 위한 하나의 공장인 동시에 실로 섬세한 감정의 공명함이라고 할 수 있다.

위의 창으로 들여다본 '생체실험관'

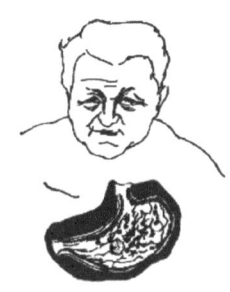

위 속이 들여다보이는 사람

성내면 두 배나 소화가 더뎌진다.

모습을 감춘 생체실험관

6월의 어느 날, 미시간 주 매키노섬에 있는 아메리카 모피상회의 문을 요란스럽게 열고 술 취한 사냥꾼들이 우르르 몰려 들어왔다. 마침 그때 한 발의 총성이 울리며 오발탄이 카운터 쪽으로 걸어가던 젊은이의 옆구리을 맞혔다. 모두들 당황하여 그 근처의 유일한 외과의사를 부르기 위해 가까운 육군기지로 달려갔다. 총에 맞은 사람은 게으르고 주정뱅이로 알려진 캐나다 사람 알렉스 세인트 마틴이라는 사냥꾼이었다.

이윽고 푸른빛의 제복에 당시 유행하던 하이칼라를 단 월리엄 보먼트 군의관이 나타났다. 방바닥에 숨이 끊어질 듯이 누워 있는 환자를 진찰해보니 명중된 오리잡이 탄환으로 왼쪽 옆구리에 주먹이 들어갈 만한 큰 구멍이 뚫렸고, 보먼트 군의관의 추측으로는 마틴의 목숨이 20분도 버티기 어려울 것 같았다. 그런데 다행히 총알이 위전벽의 혈관이 적은 부위에 맞은 데다, 키는 작았지만 마틴의 강인한 생명력 덕분에 그는 목숨을 건질 수 있었다. 상처는 깨끗이 아물었지만, 수술로 인한 봉합을 완강히 거절했기 때문에, 마치 양복바지 주머니가 양복의 양 옆구리에 달린 듯이 위의 창구가 옆구리에 뚫려 창문을 덮은 위 점막의 주름을 집게손가락으로 밀면 위 속이 주머니 속을 들여다보듯 잘 보였다.

마틴은 그 후 6년 동안 보먼트 군의관과 같이 살면서 마음이 내키진 않았지만 '생체실험관' 역할을 했다.

빵 조각을 삼킨 마틴의 위 안쪽은 보먼트 의사의 눈앞에서 핑크색에서 선명한 붉은색으로 바뀌었고, 연꽃잎에 맺힌 이슬처럼 몇 백의 조그마한 액체 방울이 일제히 위 점막 표면에 스며 나와 잠시 후 위벽에서 떨어졌다.

위액이 무엇인가조차 전혀 모르던 당시에, 고기를 녹이는 위액의 놀라운 소화 작용을 보먼트 군의관은 눈앞에서 볼 수 있었던 것이다.

238회나 실시된 실험에서 식사를 오래 기다리게 해 마틴이 화를 내는 일도 있었다. 식사 중에 화를 내면, 언제나 소화가 눈에 띄게 더뎌졌다. 마틴이 화를 낼 때 먹은 불고기는 기분이 좋을 때 먹은 것보다 두 배나 오래 위 속에 머물렀다. "공포와 분노는 위의 분비를 방해한다"고 보먼트는 적었다. 보먼트 군의관은 그때까지의 실험결과를 『위 및 소화의 생리에 관한 실험과 관찰』이란 한 권의 책으로 완성하고, 다음 실험에 착수하기 전에 마틴의 희망을 받아들여 캐나다로 돌려보냈다. 마틴은 그대로 자취를 감추고, 드디어 다시는 보먼트 앞에 나타나지 않았다.

만약에 마틴이 다시 보먼트에게 협력했다면, 위 기능에 대한 연구가 비약적으로 진전됐을지도 모른다고 생각하면 유감이지만, 그것은 제3자의 주제넘은 희망일 뿐이다. 의학의 진보를 위한다는 목적으로 먹고 싶지 않은 약을 복용해야 한다든지, 생체실험을 당하는 일은, 마틴이 아니더라도 사양하고 싶은 것이 당연하다.

음식물의 순례행로

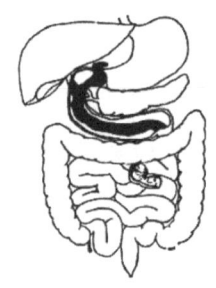

사람의 창자의 길이는 키의 약 5배
'하라키리'를 의학적으로 보면
창자의 근육층은 악기의 현이 된다.

초식동물의 창자는 육식동물보다 길다. 소는 몸길이의 22배(약 57m), 말은 10배(약 30m), 돼지는 16배(약 24m)나 된다. 그러나 육식동물인 고양이는 4~5배(약 2m), 잡식을 하는 개는 5배(약 5m)이다. 그런데 사람의 경우, 시체를 기준으로 측정하면 소장 약 6m, 대장 1.5m로서 키의 약 5배에 해당한다.

그러나 살아 있는 사람에게 추를 단 가는 끈을 삼키게 하여 재보면 2.5m쯤의 길이밖에 안 된다. 아마도 꾸불꾸불한 길을 추의 힘에 의해 최단거리로 연결하면 상당히 단축되고, 또 죽으면 생전의 정상적인 창자의 긴장이 없어져 꽤 길어지는 모양이다.

소장의 가장 위쪽 부분은 십이지장이다. 주먹 셋(손가락 12개 길이)을 나란히 한 길이가 된다고 하여 이런 이름이 붙여졌다. 'C'자 모양을 한 십이지장의 꼭 중간쯤의 부위에, 간으로부터 오는 담즙과 췌장으로부터 오는 췌액을 십이지장으로 보내는 관이 뚫려 있다. 출구의 문지기인 유문이, 적당한 간격으로 위의 내용을 십이지장에 내보내면, 이 관에서 강력한 소화액이 흘러 들어와 여기서 혼합된다.

십이지장에 계속되는 공장(2.5~3.0m)은 해부할 때 내용물이 들어 있지 않고 비어 있는 일이 많으므로 이런 이름이 붙여졌다. 공장에 이어지는 회장(3.5~4.0m)은 그 이름처럼 특히 꾸불꾸불하다. 공장에서 거의 소화과정은 완결되고, 회장은 주로 소화시킨 것을 흡수하는 일을 한다.

공장과 회장은 장간막이라는 부채 모양으로 펴지는 보자기 같은 것의 가장자리에 붙어 있어서, 복벽을 열면 밖으로 줄줄 넘쳐 나온다. 창자를 움직이는 신경이나 빨아들인 영양물을 간으로 나르는 혈관, 창자의 영양을 관장하는 동맥은 모두 이 장간막이라는 보자기 속에 배관되어 있다.

부채의 사북에 해당하는 이 장간막은 좌상복부에서 우하복부에 걸쳐 비스듬히 후복벽에 고정되어 있으므로, 일본 무사들의 유명한 '하라키리(切腹)'를 고식(古式)에 따라 시행하면 장간막이 끊어지고 그 안에 있는 굵은 혈관이 절단되기 때문에 상당한 출혈이 생길 것이다. 나마무기(生麦) 사건에 연좌하여 '하라키리'를 명령받은 사츠마(薩摩) 번의 무사들이 자신의 창자를 찢어내 던졌다는 기록은, 아마도 이 소장 부분이라고 추측되지만, 의학적으로 생각하면 그 용감함은 경탄할 만하다.

소장은 우하복부에 해당하는 곳에서 수직으로 대장과 연결되어 있다. 소장의 가장 마지막 부분에는 결장판이라는 장치가 있어, 대장 속 압력이 높아져도 대창 내용물이 소장으로 역류하지 않는다.

기다란 이 창자 속을 통과해 음식물을 순서대로 항문 쪽으로 이동시키는 원동력은 장의 점막과 장막 사이에 끼어 있는 근육층의 작용에 의한다. 공복 시에 움직이며 꿀꿀 소리를 내는 장의 이 근육층은 가공하면 바이올린이나 첼로, 하프 같은 악기의 현이 되어 신비로운 소리를 내게 된다.

벨트 컨베이어가 달린 화학공장

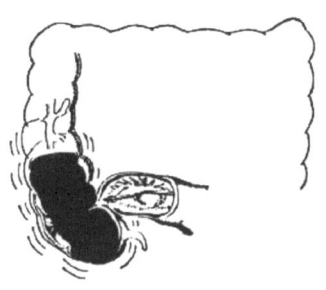

훑는 일을 하는 연동운동

유리그릇 속에서의 창자실험

쇠고기를 먹어도 소가 되지 않는 이유

배가 고파져서 꿀꿀 하고 소리가 나거나, 배가 쿡쿡 쑤시고 아프지 않는 한, 우리는 배 속에서 일어나는 일에 관심을 가지지 않는다. 하지만 음식물은 24시간 연중무휴로, 문자 그대로 '양장(羊腸)'처럼 길고 구불구불한 길을 천천히 여행한다. 이러한 음식물 수송의 원동력은 창자의 중간중간에 있는 잘록한 곳이 차례차례로 수축하면서 창자 내용물을 아래로 훑어 보내는 연동운동이라는 동작이다.

창자의 운동에는 내용물 수송 이외에 분절운동이라 하여 창자의 내용물을 단지 혼합하기만 하는 작용도 있다. 또 장벽의 국소적인 운동으로, 삼킨 생선 가시나 바늘의 뾰족한 쪽을 입 쪽으로, 무딘 쪽을 아래쪽(진행

방향)으로 방향을 돌리게 하는 일도 한다.

창자의 이러한 운동은 창자에 잘록한 곳을 만드는 윤상근과 장축 방향으로 수축하는 종주근 두 층의 근육이 작동해서 이루어진다.

창자의 작은 조각을 몸 밖으로 잘라내 식염이나 칼슘, 칼륨, 포도당 등을 적당량 넣은 액체에 담그고, 액체의 온도를 체온과 같게 데워 산소를 통하게 하면, 이 창자의 조각은 유리그릇(실험기구) 속에서 늘어났다 오그라들었다 하는 운동을 시작한다. 복통을 멎게 하는 약으로 쓰이는 아트로핀 계통의 약을 넣어 보면, 창자의 운동은 점점 약해져 마침내 멎고 만다. 거꾸로 아세틸콜린 계통의 약은 창자의 운동을 강하고 왕성하게 한다. 이렇게 유리그릇 속의 창자를 사용하여 여러 가지 약물의 장운동에 대한 작용을 정확히 조사할 수 있다.

장의 운동은 또한 자율신경의 강한 영향을 받는다. 돌연히 적이 나타나 싸우지 않으면 안 될 때처럼, 교감신경이 흥분하면 장의 운동은 일제히 멎어버린다. 거꾸로 부교감신경(미주신경)이 자극되면 장의 운동이 활발해진다. 배 속에서 꿀꿀 소리가 나는 것은 이런 때이다. 괴테는 나뭇잎의 상대성 발육에 대한 발견을 했을 때에 "너무 기쁜 나머지 창자가 움직였다"고 적고 있다. 기쁨이나 행복감에 젖어 있을 때 장의 운동은 항진되는 것이다. 반대로 분개하거나 우울해지면, 창자의 움직임이 나빠져 소화액 분비도 줄어든다.

식욕이 인간을 식물을 채취하게 만들고, 채취한 먹을 것을 입으로 씹고, 식도 중점으로 위를 거쳐 창자 속을 여행시키는 것은 오로지 장에서의 흡수를 최종 목적으로 한다.

음식물을 여러 가지 영양소가 뒤섞여 만들어진 건축물에 비유하면, 소장에서 흡수되는 것은 소화되어 완전히 해체된 것에 한정된다. 이 해체된 재료는 간 등에서 그 사람에게 특유한 건축물로 바뀌어 재구성되거나 신체라는 공장의 연료가 된다.

설령 1년 내내 비프스테이크만 먹는 사람이라 할지라도, 몸의 근육이 결코 쇠고기와 교체되지 않는 것은 이런 이유 때문이다.

서양의 새로운 지식에 경도되어 완전히 자기를 상실할 만큼 서양화된 사람도 창자는 머리와는 달리, 음식물을 완전히 소재로 분해하여 자기 것으로 만들 때 반드시 독자적인 것으로 바꿔버린다.

200m² 넓이의 발효화학 공장

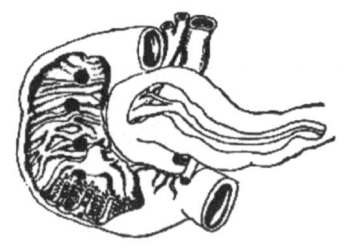

소장은 200m²의 넓이를 갖는다.

해로운 세균과 싸우는 대장균

인간과 공존공영의 길을 걷는 대장균

소장의 안쪽 벽은 섬모라고 불리는 연한 털 같은 돌기로 전체적으로 덮여 있다. 이 털 같은 돌기는 마치 융단의 가느다란 잔털처럼 빽빽이 돋아 있다.

융모 한 개의 표면을 전자현미경으로 확대해 보면, 표면의 세포 하나하나에 20~30개의 조그마한 막대기 모양의 돌기가 나열돼 있어, 마이크로빌리라고 한다. 소장의 안쪽에는 기복이 심한 크고 작은 주름이 있으며, 또 그 표면에 융모가 나 있으니 그 오목하고 볼록한 곳(凹凸)을 반반하게 펴보면, 소장 전체로 10m², 어림잡아 2평 남짓한 넓이가 되는 셈이다. 만일 다시 마이크로빌리의 오목볼록까지 평평하게 펴보면, 넓이는 200m²,

60평에 달한다고 한다.

　이만큼의 넓이가 있기 때문에 아침, 점심, 저녁에 배 속 가득히 먹는 식사를 짧은 시간 내에 소화하여 빨아들일 수 있는 것이다.

　입에서 들여보내지는 음식물은 소화의 화학 면으로 보면, 건축재료가 복잡하게 짜여 만들어진 대건조물에 비유할 수 있다. 그리하여 이 건물을 대들보 하나, 벽돌 하나까지 분해하고 나서야 비로소 창자에 흡수될 수 있는 것이다.

　영양물을 해체하는 직접적인 일꾼인 효소는 창자라는 꾸불꾸불한 강을 흘러가는 음식물에 올라타서 해체에 종사한다. 장 융모는 강바닥에서 수조(水藻)처럼 흐느적거리다가 해체가 진행된 건축자재가 흘러 들어오면, 차례차례로 융모 속으로 빨아들인다.

　해체가 충분치 않은 커다란 영양소의 낱알은 수조 표면의 작은 구멍으로 못 들어가지만, 냇물이 더 흘러 내려가는 동안, 밀생한 수초 사이에서 솟아 나오는 새로운 효소에 잡혀 더 작게 해체되어 마침내 흡수된다. 지방산과 글리세린은 융모를 세로로 뚫고 흐르는 림프관 속으로 흡수되고, 아미노산과 당은 융모 속에 가는 그물코로 된 혈관 속으로 흡수된다. 소장이라는 강을 따라 흘러내린 진흙 같은 액체는 식후 7~8시간이 지나 대장에 들어가며, 대장 속을 통과하는 동안에 장 내용물에서 수분이 흡수되어 딱딱해진다.

　대장에는 세균이 우글거리고 있어 소장과는 전혀 다른 환경을 이룬다. 다행히 해가 없는 대장균이 도사리고 있어서 다른 해로운 세균의 번식을 허용하지 않기 때문에, 인간은 이러한 장내세균으로부터 아무런 피해도 받지 않을뿐더러, 대장균은 음식물의 나머지 찌꺼기를 분해해 비타민 등의 유익한 물질을 만들어 주기도 한다.

대장균은 이렇게 대장 속에 있으면 해가 없지만, 충수염(속칭 맹장염)이 도져 윤상 따위를 일으키면 대장균이 복강 내에 퍼지게 되고, 그렇게 되면 복막염을 일으켜 치명적일 수 있다.

평소에 폭력단을 배 속에 기르고, 대장 속에 세력권 범위를 허용하는 꼴이지만, 대장균은 도시의 오수처리장의 세균과 마찬가지로 인간과 공존공영하는 길을 걷고 있다.

반역에만 의의를 느끼는 사양의 장기

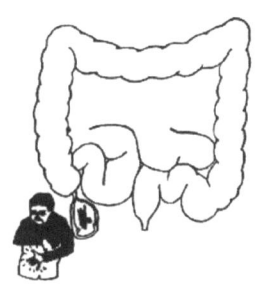

맹장, 쓸모없는 굵은 곳

씨는 충수염의 원인이 되는가?

병만으로 유명한 골칫거리 장기

위를 통과한 음식물은 십이지장, 공장, 회장을 돌아 대장으로 보내진다. 대장은 우하복부에서 시작하여, 한글의 ㄷ자의 열린 쪽을 아래로 해서 세운 형태로 복강 내를 돌아 왼쪽으로 가서 S자 상결장과 직장으로 연결된다. 소장과 대장의 연결 부위에서는 소장은 수평 방향이고, 대장은 수직 방향으로 배치되어 T자형태로 교차한다.

그 때문에 대장이 시작되는 부분은 대장과 소장의 교차점에서 아래쪽으로 5~6cm정도 돌출된 주머니 모양으로 되어 있다. 이 부분이 맹장으로, 대장에서 가장 굵은 곳이다. 이 맹장에는 길이 5~6cm의 충수가 달려 있다.

암실에서 X선으로 복부를 투시해 보면, 그대로는 뼈만 보일 뿐, 소장이나 대장은 전혀 보이지 않는다. 그런데 X선의 그림자를 만드는 황산바륨이란 약물(조영제)을 먹게 한 다음에 보면, 바륨이 위장의 벽을 따라 흘러 내려가기 때문에 간접적으로 위장 안쪽의 윤곽을 볼 수 있다.

150g쯤의 바륨을 마시게 한 다음 5시간쯤 지나서 맹장 근처를 X선으로 투시해 보면, 바륨이 마침 회장의 말단 부위에서 맹장에 걸쳐 통과하고 있는 것이 보인다. 충수에도 바륨이 들어가 가느다란 끈처럼 보인다. 건강한 충수는 맹장에 붙은 부위를 중심으로 흔들이처럼 움직이며, 충수의 내용물을 짜내는 운동을 하는 것도 보인다. 충수에 염증이 생긴 것이 충수염이며, 증상이 심하면 수술로 절제해야 한다. 잘라낸 충수를 절개해 보면, 과실의 씨라든가, 칫솔에서 빠진 털, 생선 가시 따위가 들어 있는 수가 있다. 아마도 염증을 일으켰기 때문에 충수의 내용물을 짜내는 기능이 제대로 이루어지지 않아, 내용물이 들어간 채 나오지 못했을 것이다. 옛날에는 씨 따위가 들어가는 일이 충수염의 주요 원인이라고 여겨졌다.

충수에는 400개 이상의 림프여포가 분포돼 있는데, 충수의 기능을 이 림프여포의 기능이라고 생각하는 학자가 있다. 토끼의 충수는 탄수화물이나 지방에 대한 소화효소를 분비하며, 분명한 활동을 하는 기관이다. 그런데 인간의 충수는 인간의 천골 끝에 간신히 남아 있는 '꼬리'의 흔적과 마찬가지로 퇴화한 장기이기 때문에, 분명한 기능을 가지고 있지 않다고 생각하는 학자도 많다.

질이 좋지 않은 노동조합이 일도 하지 않고 오로지 파괴적인 태업만 일

삼듯이, 충수는 충수염이라는 질환을 일으키는 것만으로 유명해진 장기라는 느낌이다. 그뿐만 아니라 충수염은 심술궂게도 입학시험이나 취직시험 직전 등 '때'에 관계없이 발생하거나, 수학여행 중이나 원양항해 중 등 '장소'에 관계없이 발생한다.

연구가 진전되면 편도선처럼 염증을 일으키는 그 자체에 의의가 있는 장기인지, 하느님이 '사람에게 따끔한 맛을 보여주기' 위해 지정한 곳인지는 머지않아 밝혀질 것이다.

7장

비뇨기계

소공장의 동업자 협동조합

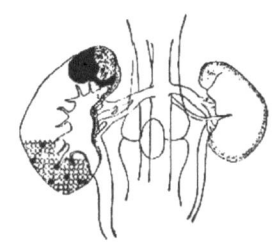

누에콩 모양을 한, 두 개의 장기
하루에 1.5톤의 혈액을 여과한다.
재차 흡수되는 99퍼센트

　신장(콩팥)은 누에콩(豌豆) 모양의 형태를 한 주먹만 한 크기의 장기로, 횡격막 아래 등뼈 양쪽에 좌우 하나씩 있다. 신장의 임무는 신단위라는 각기 독립된 단위가 하는 일을 통합한 것이다. 하나의 신장에 120만 개나 되는 신단위가 포함된 것을 생각해 보아도, 하나하나의 신단위가 얼마나 미세한 것인가를 알 수 있다.
　말하자면 하나의 신단위는 신장이라는 협동조합에 가입한 하나의 하청공장 같은 것이다. 각 하청공장에서 만들어진 제품이 조합에 모여서, 조합의 이름으로 일괄 취급되는 것과 비슷하다. 이것은 예를 들면 심장 따위와는 대단히 다른 점이다. 심장은 늘어났다 오그라들었다 하는 근육조직과 자극을 전도하는 조직 등이 모여, 결국 심장 전체로서 펌프 일을 한다. 즉 심장은 각 과의 분업으로 성립되는 회사와 같은 것으로, 동업의 하청공장의 협동조합과는 다른 개념이다.

신장 하나에는 120만 개의 하청공장이 있는데, 들여다보면 실제로 열심히 일하는 것은 어쩌면 6~10곳에 한 곳쯤의 비율밖에 안 된다. 불경기 때의 섬유공장처럼 심한 조업 통제나 조업 단축을 하고 있다.

마치 붉고 파란 호화로운 네온사인이 순번대로 켜졌다 꺼졌다 하는 것처럼, 일을 하는 공장과 쉬는 공장이 순번으로 바뀌어 한 공장만 과로에 빠지지 않도록 조절되어 있는 것 같다.

신단위는 실밥을 뭉쳐 둥글게 만든 공 비슷한 모세혈관 덩어리인 사구체와 그것을 둘러싸는 주머니, 즉 보우만씨낭과 이 주머니에서 시작하여 꾸불꾸불 신조직 속을 통과해 신맹에 연결된 세뇨관이라는 파이프의 세 가지로 구성되어 있다. 혈액이 사구체를 흐르는 동안에, 단백질이나 지방 이외의 혈장성분이 혈압의 힘에 의해 사구체의 여막(濾膜)에서 여과되어, 보우만씨낭에 모여서 세뇨관 속으로 흘러간다.

신장 속을 흐르는 혈액량은 하루에 연 1.5톤이나 되며, 사구체에서 하루에 여과되는 혈액량은 180ℓ(드럼통 하나에 해당)에 달한다. 이러한 여과 규모만 보아도 신장이 얼마나 중요한 임무를 수행하는지 알 수 있다. 그런데 여과량은 하루 180ℓ에 도달하지만, 실제로 신장에서 오줌으로 배설되는 것은 그 1퍼센트에도 못 미치는 소량이다. 이것은 여과된 액이 세뇨관 속을 흐르는 동안에 여액의 99퍼센트가 그 벽면에서 다시 혈액 속으로 흡수되기 때문이다.

    신체가 어떤 이유로 한 번 버린 것을 재차 거의 전부를 받아들이는 따위의 시간과 수고가 드는 일을 하는지는 알 수 없지만, 신장 기능을 생각하는 데 있어서는 버리는 쪽보다 줍는 쪽의 역할이 중대한 의의를 가진다.

    마치 불량한 소년들을 포기하는 것과 마찬가지이다. 격리하는 것은 간단하지만, 애정을 가지고 선도하여 사회로 복귀시키는 것은 훨씬 어려운 것처럼…….

환경조성의 조절기

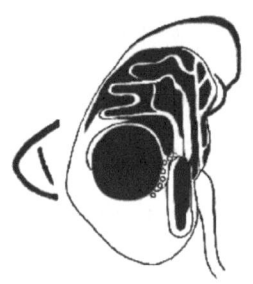

세포는 소금의 정도가 어렵다.

신체는 약알칼리성을 좋아한다.

사구체라는 체

아메바나 짚신벌레 같은 하등동물은 살기 어려운 환경에서도 살아갈 수 있지만, 인간의 세포처럼 고도로 분화된 세포는 조금만 환경이 나빠져도 영향을 크게 받아 견디지 못한다.

인간의 세포는 엷은 소금물 속이 아니면 살아갈 수 없다. 민물 속에서는, 바닷물고기를 하천이나 호수 같은 담수 속에 넣어둔 것처럼 조만간 사멸해 버린다. 더욱이 그 소금의 농도는 매우 정확하게 일정하지 않으면 안 된다. 농도가 너무 진하면 괄태충(土蝸)에 소금을 뿌린 것처럼 세포가 오그라들고, 너무 엷으면 비에 젖은 건빵처럼 불어서 죽어버린다. 소금의 농도에 따라 삼투압의 수치가 바뀌어, 이것이 세포의 생사에 영향을 미친다.

삼투압 값은 소금뿐만 아니라 포도당이나 단백질의 농도를 크게 하는 것으로도 마찬가지로 높일 수 있다.

산과 알칼리는 불과 물처럼 정반대의 성질의 것이다. 몸속의 세포는 극히 약한 알칼리성의 액체 속에서 산다. 그 액이 산성으로 기울거나, 또는 알칼리성이 지나치게 강해도 세포는 살아가기 어렵다. 짜도 달아도 시어도 혀로 조종되는 인형처럼, 맛만 좋으면 고래처럼 폭음하고 말처럼 포식을 사양치 않는 인간을 위해 남아도는 수분이나 염분을 몸에서 몰아내고, 산이나 알칼리를 조절해서 뒤치다꺼리를 하는 것이 콩팥이다. 이를테면 고생을 모르는 부잣집 3대째처럼, 신체세포의 사치스러운 요구를 받아주어 세포들이 살기 좋은 환경을 조성해 주는 호화판 조절장치가 콩팥이다.

위액이나 장액을 만드는 공장인 위장은 단번에 완제품을 만들어 내지만, 콩팥에서는 그렇게 간단하게 완성품[즉 뇨(尿)]을 생산하지 못한다. 신장은 우선 혈액을 체질한다. 체질하는 도구는 보통 가루를 거르는 체처럼 평판으로 된 그물이 아니다. 마치 열대어를 기르는 수조 속에서 에어펌프를 통해 공기를 작은 기포로 뿜어내는, 둥근 공과 비슷한 장치이다. 실처럼 가는 혈관으로 된 사구체라는 둥근 공에는 미세한 구멍이 많이 뚫려 있어 체 역할을 한다. 여기서는 체의 코보다도 작은 물질은 몸에 이로운 소중한 것이라도, 배설해 버려야 하는 무용지물과 함께 체로 쳐서 흘려보내고 만다. 흘러나온 이 액을 다시 혈액 속으로 흡수하는 것이 세뇨관이며, 특히 삼투압이나 산, 알칼리의 조절 때문에 선택적으로 흡수하여, 신장 역할의 마무리를 하는 것은 배관의 끝에 가까운 제2곡 세뇨관이라는 곳이다.

중소기업의 도산은 아직도 끝나지 않는데, 도산을 기회로 빚도 종업원도 모두 백지상태로 돌리고 유능한 사원만을 모아 제2회사를 만드는 '계획도산'도 있다고 들었다. 콩팥을 통과하는 혈장 속에서 좋은 것도 나쁜 것도 완전히 버린 다음에, 다시 좋은 것만을 혈액 속으로 주워 담는 콩팥의 기능과 어딘지 일맥상통함을 느낀다.

수문지기가 있는 저수지

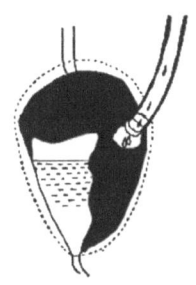

5초마다 뱉어내는 오줌

합판 같은 방광 벽

요의란?

방광은 오장육부의 하나로 치며, 상당히 오래전부터 그 존재가 알려져 있었다. 지금처럼 고무나 플라스틱으로 만든 주머니가 없던 시절에는 소의 방광으로 만든 주머니를 얼음주머니로 사용했다. 감기로 열이 나서 누웠을 때 이마에 올려놓은 얼음주머니가 동물의 오줌을 담는 주머니로 만든 것이라 듣고 무서워했던 어린 시절이 생각난다.

콩팥에서 만들어진 오줌을 방광으로 나르는 요관은 방광 속 바닥에 있는 세모꼴 부분(방광3각)의 뒤쪽 두 곳의 꼭짓점을 향해 배후에서 비스듬히 방광의 벽을 뚫고 들어간다. 오줌이 많이 고여 방광이 부풀어 벽이 얇아지면, 관통 부분의 요관이 비스듬히 들어와 있기 때문에 그곳이 압박되어 저절로 닫혀 오줌이 콩팥 쪽으로 역류하지 못한다. 세모꼴의 나머지 하나의 꼭짓점은 내요도구로, 요도에 연결되는 방광의 출구이다.

평균 5초마다 오줌이 요관 쪽의 입구에서 방광 안으로 나오는데, 그때마다 요관구가 우선 안으로 쑥 들어가 입을 열고 오줌을 뱉어내면, 입을 다물 듯이 닫힌다. 마치 잉어가 물속에서 먹이를 입으로 내놓았다 넣었다 하는 모습과 비슷해, 이를 이구운동이라고 부른다.

방광은 하복부의 치골(恥骨) 바로 뒤에 있으며, 앞과 뒤의 아랫부분은 주위와 유착되어 있기 때문에 오줌이 점점 고이면, 뒤 위쪽을 향해 부풀어 오른다. 방광에 오줌이 가득 차면 커다란 달걀 형태가 되고, 벽의 두께가 3mm 정도로 얇아지지만, 비어 있을 때는 상하에서 공을 납작하게 누른 형태로 오그라들며, 벽의 두께도 1.5cm쯤으로 두꺼워진다. 벽의 가장 안쪽에 점막, 그 바깥쪽에 방광을 압축하기 위한 평활근의 층으로 되어 있고, 주위와 유착하지 않은 맨 바깥쪽은 복막의 연속인 장막으로 덮여 있다. 방광 벽의 근육은 방향이 다른 3층이 합판처럼 깔려 형성되고, 밖과 안쪽은 세로 방향, 중앙층만이 방광에 테를 두른 것처럼 고리 무늬로 둘러싸고 있다.

오줌이 새지 않도록 방광의 출구를 든든하게 막는 것은 이 윤상근이 내요도구를 둘러싸는 부분이다. 내괄약근이라 불리며, 이것은 자기의 의지로 열었다 닫았다 할 수 없다. 외괄약근은 요도의 시작부에 있으며, 의지대로 움직일 수 있는 수의근이다. 방광 속에 오줌이 점점 고이고, 주머니가 넓어지면, 내부의 압력이 점점 높아진다. 그 압력이 물기둥 30cm라는 값에 도달하면, 그 자극이 대뇌에 전달되어 요의를 느끼게 된다. 배뇨가 일어날 때는 윤상근이 방광을 조이는 동시에 내괄약근이 출구를 느슨하게 하고, 의지가 방뇨를 허용하면 외괄약근도 느슨해져서 오줌이 나온다.

    방광에 오줌이 고이는 것도, 요의를 느끼는 것도 육체의 필연적인 현상으로 일어난다. 그러나 요의와 실제 방뇨와의 시간적 거리는 유아나 원시인의 정도로부터 교육이나 훈련에 의해 문화인의 정도로까지 높일 수 있다. 정신에 의해 육체를 제어하는 것은 '반자연적'이라며 혐오의 대상이 되기도 하지만, 그러한 훈련을 거쳐 인간은 비로소 문화생활 속에서 살 수 있게 되는 것이다.

8장

내분비계

나가는 내가 없는 호수

장기 엑기스

개의 고환으로 회춘

곱창구이집

세계에서 제일 오래된 의학서적인 이집트의 파피루스에는 700종 이상의 약 이름이 적혀 있다. 그 속에는 동물의 장기 엑기스가 기재되어 있다. 내장 속에는 생명이나 정신의 구성성분이라고 생각되던 '정(精)'이 포함되어, 그것이 엑기스(추출물) 속에 나와 약이 된다고 믿었다. 이러한 소박한 '장기요법'은 그리스 의학에서 로마 의학, 그리고 다시 후세로 인계되어 왔다. 그리하여 18세기에는 사형수의 시체에서 잘라낸 인간의 장기 엑기스가 동물의 것과 더불어 정식 조제용 약물로서 약장에 비치되게 되었다.

예로부터 고환이 남성의 몸에서 중요한 역할을 한다고 여겨져 왔다.

고환을 제거하면 사나운 수말이 다루기 쉬워지고, 호전적인 수탉이 우호적으로 변한다. 1775년 드볼토 박사는 거세로 인해 일어나는 여러 가지 변화는 고환에서 생기는 무엇인가가 몸속에 없어지기 때문일 것이라고 생각했다. 그 당시, 명의로 명성이 높았던 72세의 브론세카르 박사가 개의 고환 엑기스를 자기 몸에 주사했더니 놀랄 만큼 젊어졌다고 발표했다. 늙은 대가의 체험담은 비상한 센세이션을 일으켰다. 그리하여 장기 엑기스의 유효성분으로 현재의 호르몬에 가까운 물질이 존재할 것으로 추정되었다.

한선이나 타액선에는 그 공장에서 만든 제품을 밖으로 내보내기 위한 전용 파이프가 달려 있다. 이렇게 전용 파이프를 통해 제품을 내보내는 것을 외분비라고 한다. 위선에서 위액이 나오고, 간에서 담즙이 나오는 것도 외분비이다. 그런데 훌륭한 공장이 있으면서도, 제품을 내보내는 파이프를 갖고 있지 않은 선이 있다. 예를 들면 갑상샘인데, 목의 앞 부분에 있는 이 커다란 장기는 그 속에서 만들어진 액을 내보내는 파이프를 가지고 있지 않다. 이것은 예전의 의학자들에게 커다란 불가사의였음에 틀림없다. 그런데 실제로는 갑상샘에서 만들어진 제품이 곧바로 부근을 흐르는 가는 혈관이나 림프관 속으로 흘러 들어가도록 장치되어 있다. 이것이 내분비이며, 내분비에 의해 분비되는 성분이 호르몬이다.

먹는 내복약은 삼킨 다음에 식도에서 장으로 긴 여행을 하면서 서서히 흡수되어 작용하기 때문에, 효과가 떨어지고 오래 걸리지만, 피하주사나 근육주사는 약물이 얼마 안 되어 혈액으로 들어가기 때문에 속히 작용하며 분량이 적어도 효과가 크다. 내분비샘은 만들어 낸 호르몬을 언제나 주사 때처럼 몸속에 보급한다고 말할 수 있다.

포장마차에서 몽글몽글 올라오는 연기와 좋은 냄새를 풍기며 입맛을 돋우는 '곱창구이'는 단연 가을밤의 풍경답다. 그리하여 그곳은 소박한 장기요법을 시행하는 곳이기도 하다. 연애 '감정'만으로 살결의 구석구석까지 호르몬이 골고루 퍼지는 처녀처럼, 소나 돼지의 고환 따위를 먹은 후에는 호르몬을 공급받은 것 같은 '의식' 때문에 걸음이 경쾌해지니 묘한 일이다.

동물계의 공분모

성과 관계없는 것이 대부분

60g으로 60kg을 지배한다.

찻숟갈 하나의 호르몬으로 결정되는 인생

    입으로부터 몸속으로 들어간 음식물은 위를 지나 99절의 꾸불꾸불한 긴 창자를 여행하는 동안에, 소화흡수 작용에 의해 섭취되고, 몸속 곳곳의 화학공장에 원료로 공급된다. 이 화학공장에서 만들어진 제품은 뇌라는 행정부나 호흡과 순환을 담당하는 기관 등 생명 유지를 위한 소비 부분에 보내져 에너지원이 된다. 공장의 생산능력에는 상당한 여유가 있으나, 중소기업의 작은 공장처럼 제품 재고를 함부로 많이 가질 수 없는 사정이 있다. 또 운동을 하거나 병에 걸리는 때에는 소비량이 비약적으로 증진하는 일이 있으므로, 소비량에 맞추어 공장의 생산고를 과부족 없이 조절하는 일은 대단히 복잡하고도 어렵다. 이러한 생산과 소비의 균형을 정교하게 유지하는 것이 신경계와 몇 가지 종류의 호르몬이다.

호르몬은 현재 존재가 확인되고 잘 알려진 것만 해도 30종류에 가까운데, 성에 관계없는 것이 대부분이다.

호르몬이라는 말은 '자극한다'라든지 '불러 깨운다'라는 뜻의 그리스말에서 유래한 것이다. 어원처럼 호르몬은 특정한 물질대사를 불러 깨운다든가, 특정 기관의 작용을 자극한다든가, 신체의 성장, 발육을 촉진하는 등의 복잡하고 다채로운 작용을 한다.

호르몬을 만드는 장기인 내분비샘에는 뇌하수체, 갑상샘, 부갑상샘, 부신, 성선, 췌장, 송과선, 흉선 등 모두 합쳐도 약 60g의 무게밖에 안 나가는데, 이러한 소량의 조직이 체중 60kg의 인간의 전신을 지배한다.

뇌하수체가 일생 동안에 제조하는 호르몬의 양은 찻숟가락 하나에도 차지 않으나, 찻숟가락 하나가 나오느냐 안 나오느냐, 나온다 하더라도 알맞은 타이밍으로 나오느냐에 따라 건강이 유지되는가 불구폐질이 생기는가가 결정된다. 사춘기에는 남녀 모두에게 육체적으로 큰 변동이 일어나 폭죽에 불이 붙은 것처럼 가지각색의 변화가 차례차례로 일어난다. 그런데 그 점화 역할을 하는 성호르몬의 분량은 참으로 미량으로 우표 정도의 무게밖에 안 나간다.

호르몬은 인생 개화와 같은 중대한 때에 위력을 발휘할 뿐만 아니라, 실은 일상의 일거수일투족에도 관련이 있다. 지금 펜을 쥐고 글씨를 쓰는 것을 일례로 들면, 팔의 근육에 힘을 주기 위해 핏속의 당을 늘리도록 수배하는 것이 호르몬이다.

내분비샘의 활동은 서로 영향을 주고받으며, 상호 간에 일정한 균형을 유지한다. 예를 들어 어떤 내분비샘의 활동이 활발하지 못할 경우, 그 기능을 개선시키기 위해 다른 내분비샘에서 그곳을 자극하는 호르몬이 보내진다.

재미있는 것은 호르몬은 동물 세계의 공분모 같은 존재이다. 젊은 여성 탤런트의 성호르몬의 어떤 것은 암컷 너구리나 여우의 그것과 전적으로 동일하다. 프로권투 선수의 뇌하수체 호르몬의 어떤 것은 생쥐의 것과 완전히 동일한 물질이다. 아무래도 하느님은 인간을 만들 때 곳곳에 동물용의 부품을 사용하신 것 같다.

호르몬 콘체른을 턱으로 부리는 보스

난쟁이와 거인

몸 안의 뜻밖의 총지휘자

터키 안장에 탄 보스

나무 그릇을 배 삼아 탈 수 있었던 소인, 머위 잎 밑에 사는 코로보클, 튤립에서 태어난 엄지 공주 등 '소인'에 관한 즐거운 동화가 많다.

또 한편으로는 높은 산에 걸터앉아 큰 강물에 정강이를 씻었다는 거인 이야기며, 대인 이야기도 여러 가지 있다. 그러나 현실적으로 우리가 보는 '소인'은 동화에 나오는 소인보다 훨씬 크며, 대인도 걸리버가 프로디낙 국에서 본 대인보다는 훨씬 작아 3m를 넘는 일은 드물다.

'소인'이나 대인이 생기는 비밀은 하수체전엽에서 분비되는 성장호르몬에 숨어 있다. 어린 시절에 이 호르몬의 분비가 감소하면 하수체성의 난장이가 되어버리며, 하수체에 종양이 생겨 호르몬 분비가 지나치게 많아지면 거인이 된다. 그러나 호르몬 상호 간의 조정 작용이나 영양 면에서 보면 생명유지에 한계가 있으므로, 현실적으로는 동화에 나오는 소인이나 대인처럼 극단적이 되지는 않는다.

어쨌든 뇌하수체는 전엽과 신경엽이라는 후엽, 그리고 그 사이를 메우는 중간부가 합쳐져 구성된 구형의 장기이다. 이 세 부분을 합쳐도 크기는 한 알의 강낭콩 정도밖에 안 되고, 무게는 남자는 0.5g, 여자 특히 다산부는 1g쯤밖에 안 된다.

교향악단의 모든 악기가 지휘봉 하나로 우렁찬 소리를 내듯이, 강낭콩의 절반 크기밖에 안 되는 하수체전엽은 한 개의 머리카락 무게에 해당하는 미량의 호르몬으로 '생명'이라는 대교향악을 지휘한다. 말하자면 하수체전엽은 갑상샘, 부신피질, 성선 등 호르몬계의 가장 유력한 멤버를 모조리 그 콘체른(기업결합) 속에 통합하고 지배하고 있다. 이 콘체른은 몸속에서 이루어지는 신진대사, 스트레스 반응, 생식선의 발육이나 분비기능 등에 광범위하고 지대한 영향력을 가지고 있기 때문에, 하수체전엽은 결국 몸 전체에 대해 강력한 지배력을 가진다고 말할 수 있다. 예를 들면 하수체전엽은 갑상샘자극호르몬이라는 명령서를 작성해서 갑상샘에 보낸다. 그러면 하수체의 명령은 당장에 실행에 옮겨져, 갑상샘의 각 공장은 불문곡직하고 증산조업에 들어가 갑상샘의 활동은 왕성해진다. 하수체전엽은 부신피질에도, 난소나 고환 등에도 이러한 자극 호르몬을 보내 각 호르몬 공장의 생산을 원격조정한다.

성장호르몬을 비롯하여 이러한 '콘체른' 구동호르몬을 내는 호르몬계의 보스라는 말과 어울리게, 하수체전엽은 후엽, 중간부와 함께 두개골 바닥의 중심에 가깝게 접형골의 터키 안장이라 불리는 골제의 안장에 걸터앉아 편안한 자세를 취하고 있다. 말에 안장을 놓고 타는 것은 사람이지만, 사람에게 터키식 안장을 놓고 타는 것은 뇌하수체님이라는 꼴이 된다. 그리하여 이 군주님은 자칫하면 호르몬계에 폭풍우를 일으켜 인간을 휘젓고, 사람을 탈 수도 있는 것이다.

모성애 호르몬

유방으로 상징되는 모성애
주사로 되찾는 모성애
수컷에게도 모성을 주다.

르누아르의 「어머니와 아들」이라는 그림이 있다. 나중에 영화감독이 된 아들 피에르 르누아르가 어머니의 무릎에 앉아 젖을 빨고 있는 그림이다. 피에르는 아직 한 돌을 앞둔 갓난아기로서, 한쪽 손으로 자기 발을 잡아당기면서 무심히 젖을 빨고 있다. 어머니는 밝은 햇볕을 쪼이며 창가에 앉아 가정의 평화에 적이 만족한 부드러운 표정을 짓고 있으며, 입가에는 웃음이 걸려 있다. 귀여운 젖먹이에게 쏟는 모성애의 거룩함이 풍만한 유방으로 상징되어 진실로 흐뭇해지는 한 폭의 그림이다.

모성애는 인간뿐만 아니라 거칠고 사나운 곰에도, 쥐와 같은 작은 동물에서도 한결같이 볼 수 있다. 새끼를 낳고 갸륵하게 젖을 먹인다든가,

새끼를 보살피던 어미 쥐의 뇌하수체를 수술로 떼어내면, 어미 쥐의 새끼에 대한 태도가 완전히 바뀐다. 어미 쥐는 그때까지 핥다시피 해서 귀여워하던 새끼들을 방해물 취급을 하기 시작한다. 새끼들이 젖을 빨기 좋게 누워서 젖을 주던 어미 쥐는 뇌하수체를 잘라내면, 젖을 빨려고 가까이 오는 새끼 쥐를 매정하게 뿌리치고 밟아죽일 듯이 돌아다닌다. 이러한 어미 쥐에게 하수체전엽 호르몬과 부신피질호르몬을 섞어서 주사해 주면, 손바닥을 뒤집은 것처럼 다시 바쁜 듯이 젖을 먹이고, 새끼 쥐를 보살펴 주게 된다.

이러한 작용을 발휘하는 것은 하수체전엽에서 분비되는 호르몬의 하나인 최유 호르몬(프로락틴) 또는 황체자극호르몬이다. 프로락틴은 이렇게 어미에게 모성적인 행동이나 태도를 취하게 하는 힘이 있을 뿐만 아니라, 포유동물의 임신이 유지되는 데 중요한 역할을 하는 황체를 존속시켜서 황체호르몬의 분비를 촉진시키고, 유선을 자극해 유즙분비를 왕성하게 하는 작용을 한다. 유방에 젖이 고여 아플 만큼 커지면, 아무리 박정한 어머니라도 자식 생각이 나서, 포유라는 가장 단적인 모성적 행동으로 충동받아, 모성애에 눈뜨게 되는지도 모른다.

그런데 채드윅 박사에 따르면, 유선이 없는 조류, 파충류, 양서류, 어류의 하수체전엽에도 프로락틴과 동등한 것이 포함되어 있으며, 그 호르몬은 이들 동물에게도 '모성'에 눈뜨게 만드는 힘이 있다고 한다. 더욱이 이 호르몬은 암컷뿐만 아니라, 수컷에게도 자식 보호나 양육 등의 '모성'적 행동을 일으키는 원동력이 된다.

깊은 예지와 복잡한 감정을 가진 인간을 생쥐와 같은 실험동물과 동일시하는 것은 타당하지 않을지도 모른다. 그러나 일반적으로 호르몬이 지니고 있는, 계측할 수 없는 엄청난 힘으로 보아, 인간이 가질 수 있는 감정 중에서 가장 애틋하고 신성한 모성애조차도 한 가닥 프로락틴 분비의 다소에 따라 상당한 영향을 받는 것인지도 모른다.

스트레스로의 전초거점

제3의 성호르몬부터

스트레스 대항 호르몬

스트레스가 가득 찬 나날

30년쯤 전 몬트리올의 맥길대학교에서 한스 셀리에 박사는 새로운 호르몬을 발견하려고 실험을 하고 있었다. 당시 이미 두 종류의 여성 호르몬이 발견되었는데, 셀리에 박사는 제3의 성호르몬을 찾고 있었다. 미리 난소를 떼어버린 암컷 쥐에 장기추출물을 몇 번이고 주사하고, 그 뒤에 해부해서 성기에 변화가 나타나는지를 조사했다. 해부 결과 그곳에 변화가 나타나기도 하고, 나타나지 않는 일도 있었는데, 언제나 반드시 일어나는 변화가 있었다. 쥐의 부신이 보통 크기의 세 배 이상으로 커지고, 림프계는 오그라들며, 위나 장에 궤양이 생겼다.

그런데 이상한 일은 장기추출물의 부패 방지를 위해 첨가하던 포름알

데히드만을 주사해도, 부신이 붓고, 위장에 궤양이 생기고, 림프계가 오그라든다는 것이다.

포름알데히드 같은 극약의 '자극'이 이러한 변화를 가져온다면, 지독한 추위나 피로 등의 자극도 같은 영향을 신체에 끼치는 것이 아닐까. 셀리에 박사는 겨울의 추운 날에 쥐를 바람이 몰아치는 실험실 지붕에 두어 보았다. 모터가 달린 회전바구니에 넣어 빙글빙글 돌리고, 쥐를 녹초가 될 때까지 피로하게 만들어 보았다. 그 뒤에 해부해 보니, 예상했던 대로 부신이 크게 붓고, 림프계는 오그라들고, 위장에 궤양이 생겨 있었다. 즉 어떤 종류의 스트레스든 간에 결국 신체에 동일한 변화를 야기하는 것이다.

그런데 하수체를 수술로 제거한 쥐는 추위, 피로, 정신긴장, 소음, 극독물 등의 스트레스를 주어도 부신이나 위장에 전혀 변화가 일어나지 않았지만, 스트레스에 대한 저항력은 매우 약했다. 연구가 진행됨에 따라 전반적인 상황이 분명해졌다. 스트레스가 가해지면 신체는 그것에 대항하기 위해 뇌하수체전엽에서 부신피질호르몬 생산을 높이는 호르몬을 자꾸 혈액으로 방출한다. 그렇게 하면 부신은 국방부 장관으로부터 군수물자 증산 명령을 받은 공장처럼 당장 증산에 착수하여 스트레스와 싸우기 위한 부신피질호르몬을 만드는 한편, 시설 투자를 하여 호르몬 공장을 자꾸만 확장하기 때문에 붓는 것이다.

뇌하수체전엽에서 분비되는 부신피질자극호르몬은 39개의 아미노산이 연쇄되어 만들어진 물질이다. 그중 첫째에서 24번까지의 부분은 동물의 종류에 관계없이 아미노산이 같은 순서로 배열되어, 이 부분이 부신에 자극작용을 한다.

좁은 나라에 사람과 자동차가 넘쳐흐르고, 거리에는 고층 빌딩 건축의 소음이 울려 퍼지고, 도처에서는 사람들이 아옹다옹 다툰다. 문자 그대로 '스트레스 충만'이다. 아마도 매일 우리의 뇌하수체와 부신 사이에서는 스트레스 대책 지령과 보고가 왔다 갔다 격렬하게 피스톤 운동을 하고 있음이 틀림없다. 부신이 풍선처럼 부풀어 오르고, 위장에 바람구멍이 뚫리지 않도록 기도해야겠다.

절반은 여성전용품

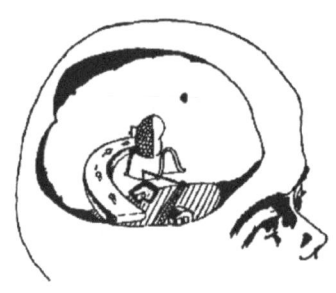

물 마시는 곳과 측간을 왕복하는 인생

태아를 밀어내는 호르몬

남성에 있어서의 역할 불명

　견고한 두개골이라는 '성채'의 중앙 상좌에 터키 안장이라는 뼈로 된 '안장' 위에 올라타 자리 잡고 앉아 있는 것이 뇌하수체인데, 그 뒤쪽 절반이 뇌하수체후엽이라는 곳이다. 새끼손가락 손톱만 한 크기의 뇌하수체 절반밖에 안 되는 이 후엽에서 놀라울 만큼 강력한 호르몬이 분비된다. 그러나 후엽호르몬의 제조공장은 후엽 그 자체가 아니라, 실은 시상하부의 핵 속에 있는 신경세포가 제조원이다. 여기서 만들어진 후엽호르몬은 콜로이드상의 작은 방울과 세포의 축색이라든가, 시상하부에서 하수체후엽에 가설된 신경이라는 벨트 컨베이어로, 뇌하수체후엽의 모세혈관 속의 창고로 보내져 저장된다. 그리하여 필요한 때에 일제히 '출고'된다.

후엽호르몬의 하나는 항이뇨호르몬이다. 콩팥 속의 사구체라는 혈액을 여과하는 장치는 하루에 약 180ℓ(드럼통 1통분)의 액체를 세뇨관 속으로 흘려보내는데, 대부분이 거기서 다시 몸속으로 흡수되기 때문에, 실제 오줌으로 되는 분량은 하루에 1~1.5ℓ쯤으로 줄어든다. 이러한 재흡수를 조절하는 것이 항이뇨호르몬이다.

실험동물에게 대량의 물을 먹이면, 항이뇨호르몬의 분비가 효과적으로 줄어 오줌이 많이 나오며, 사막에서 사는 캥거루쥐는 보통 동물의 10배에 가까운 다량의 항이뇨호르몬이 분비되어, 오줌 양이 극히 적다. 여름에 근육노동을 하여 땀을 많이 흘려 혈액의 수분량이 줄어들면, 하수체후엽으로부터의 항이뇨호르몬의 분비가 많아져서, 오줌을 통해 수분이 몸에서 빠져나가는 것을 막을 수 있는 장치가 된다. 병으로 이 호르몬의 분비가 나빠지면, 요붕증이 생겨 하루에 6~10ℓ, 최대 30ℓ나 오줌이 나오게 된다. 오줌이 자꾸 나오기 때문에 자주 물을 마셔야 하고, 환자는 물 마시는 곳과 변소 사이를 왕복하는 인생을 보내는 셈이 된다. 항이뇨호르몬을 대량 주사하면 혈압이 높아지지만, 보통 생리적으로 분비되는 정도의 양으로는 혈압에 큰 영향을 주지 않는다.

뇌하수체후엽은 또 하나 호르몬인 옥시토신을 분비한다. 옥시토신은 자궁에 강한 수축을 일으키게 한다. 임신이 진행될수록 자궁은 옥시토신에 더욱 민감해지는 한편, 혈액 속의 옥시토신 파괴효소가 줄어들기 때문에, 1g의 1,000만분의 1이라는 미량으로도 자궁은 세게 수축하여, 태아를 자궁에서 밀어낸다.

뇌하수체전엽에서는 최유 호르몬인 프로락틴이 분비되고, 후엽에서는 자궁수축 호르몬인 옥시토신이 분비된다. 프로락틴과 옥시토신의 분비는 뇌하수체의 기능 중에서도 중요한 부분을 차지하는데, 이들 호르몬, 특히 옥시토신이 남성에게서 어떤 역할을 하는지 분명치 않다. 남성의 경우는 가슴에 할 일 없이 달려 있는 젖꼭지처럼, 이 호르몬 왕국의 중심인 뇌하수체에도 여성전용품의 모조품이 크게 자리를 차지하는 것 같다.

성격의 샘

언제나 놀란 것 같은 눈
결후 밑의 나비 날개
헨리 8세의 비극

언제나 놀란 것 같은 툭 튀어나온 커다란 눈을 하고, 땀을 흘리고, 때때로 퉁탁퉁탁 커다란 맥이 빨리 뛴다. 잘 보면 목 부분이 부어 있다. 바제도병(최근에는 중독성갑상샘종이라고 한다)의 증세이다. 이 증상은 음악이나 문학에 조예가 깊고, 지성이 뛰어난 젊은 여성에게 잘 나타난다고 예로부터 여겨져 왔다. 이러한 사람은 틀림없이 감정적인 성격으로, 정신상태가 불안정하고 의기양양함과 실의의 맨 밑바닥 사이를 쉴 새 없이 왔다 갔다 한다. 남을 약 올려 싸우는가 하면, 곧 화해하기도 한다.

중독성갑상샘종의 증상은 갑상샘호르몬의 분비가 너무 많기 때문에 일어난다. 갑상샘은 목의 앞쪽 결후의 아래에 나비가 날개를 벌린 모양을 하고 있는 커다란 장기이다. 갑상샘이 기능항진 등으로 크게 부어오르면, 목의 앞쪽 아래 부분이 앞으로 밀려 나와 목이 굵어진 것처럼 보인다.

영국의 화가 로세티가 자기 부인을 그린 초상화「축복받은 처녀」에서는 목 앞부분이 상당히 부풀어 올라 있다. 갑상샘이 부어 있기 때문임이 틀림없다. '로세티 부인의 목'을 미의 상징으로 채택한 것은 자연의 세밀한 묘사를 기치로 내건 로세티, 밀레, 한트 등 라파엘 전파의 사람들이다.

선천적으로 갑상샘호르몬의 분비가 나쁘면 크레틴병이 발생한다. 크레틴이란 '작은 바보' 라는 뜻이다. 뇌하수체에서 성장호르몬의 분비가 부족해 생기는 난쟁이는 동화에 나오듯이 총명한 경우도 있으나, 크레틴은 넓적한 얼굴에 커다란 혀를 내민 모습으로, 한눈에도 저능처럼 보인다. 실제로 지능은 신장과 마찬가지로 유아 수준 이상으로는 발육하지 않는다.

어른이 된 다음 갑상샘이 위축되어 기능이 약해지는 일이 있다. 바로 중독성갑상샘종과는 반대로, 환자는 심신의 활동이 둔해지고 게을러지며, 얼굴이나 몸이 푸석푸석해지고, 머리카락이 빠져 늙어 보인다. 이 병을 점액수종이라고 한다.

영국 왕조의 헨리 8세는 50세쯤에 이 병에 걸렸다. 그 때문에 성의 자극을 잃고, 정신이 둔해졌다. 그러나 그 때문에 앤 불린 왕비를 비롯한 후취한 몇몇의 비빈과의 피비린내 나는 갈등에 종지부가 찍히고, 만년에는 정말로 평화로운 나날을 보낼 수 있었다. 만일 그 당시, 말린 양(¥)의 갑상샘분말을 매일 복용하면 왕의 심신의 활동력이 회복되는 것을 의사가 알고 있었다면, 전제군주주의적인 중앙집권화가 지나쳐, 영국의 역사는 아주 달라졌을 것이 틀림없다.

　점액수종 환자에게 갑상샘호르몬을 투여하면, 둔해진 두뇌가 맑아지고, 눈은 빛남을 되찾고, 눈썹이나 머리에도 털이 나온다. 둔중하게 피둥피둥하던 얼굴은 긴장을 되찾고 생기 있는 얼굴로 된다. 여성이라면 스무 살이나 젊어진 것같이 보이는 일도 드물지 않다. 중독성갑상샘종과 점액수종의 차이는 백합꽃 한 송이의 꽃가루만큼 미소한 양의 갑상샘호르몬이 매일 나오느냐 안 나오느냐에 불과하다. 그리하여 이 차이가 침착과 흥분의 차이를 만들고, 나아가서는 백치와 천재의 차이가 되기도 한다.

생체 엔진의 액셀러레이터

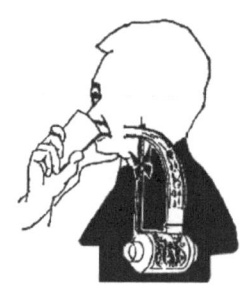

가축의 갑상샘은 인간에게는 액셀러레이터

날씬해지는 약이란

목이 굵은 신부

사람의 몸은 음식물에서 공급되는 땔감을 태워 움직이는 엔진에 비유할 수 있다. 그리고 갑상샘호르몬은 그 연료의 연소를 조절하는 호르몬이다.

소나 양 따위 가축의 갑상샘을 그늘에 말려 가루로 만들어 사람에게 먹이면 갑상샘호르몬이 과잉 상태가 되어, 엔진은 열기를 띠고 격렬하게 움직이기 시작한다. 자동차 엔진이라면 아무리 액셀러레이터를 밟아도 넣은 가솔린이 없어지면 그 이상 폭주하는 일은 없으나, 사람의 몸은 좀 다르다. 가축의 갑상샘에서 유래하는 호르몬의 명령에도 사람의 몸은 곧이곧대로 반응하여, 피하에 저장된 에너지원인 지방을 자꾸 소비하여, 지나

치면 애지중지하던 마지막 '분재'까지도 태워버리기 십상이다.

여성의 모습을 표현하는 말 중에서 절대로 써서는 안 되는 형용사는 '뚱뚱하다'라고 미국에서 배웠다. 이 말을 써서 여성의 노여움을 사게 되면, 백 가지 변명을 해도 소용없다. 뚱뚱한 부인은 자신의 가장 부끄러운 비밀의 죄악을 폭로당한 것처럼 이성을 잃는다. 그렇기 때문에 '날씬해지는 약'에는 여성들이 물불을 가리지 않으므로, 상상 이상으로 보급되고 있는 모양이다.

'날씬해지는 약'에는 여러 종류의 약이 배합되지만, 그중에서도 갑상샘호르몬은 약방의 감초 격으로 많이 사용되는 약물이다. 가축의 갑상샘을 말린 이 약은, 필사적인 부인들의 신주가 되어 있다.

그러나 갑상샘호르몬을 많이 복용한다는 것은 인공적으로 중독성갑상샘종 상태를 만드는 것이므로, 남용은 위험하다.

제2차 세계대전 동안, 공습이 시작되어 런던 시내가 공포에 휩싸이자 얼마 지나지 않아 중독성갑상샘종 환자가 눈에 띄게 격증했다. 영국의 적국 독일에서도 종군한 여군통신대원에게 수많은 중독성갑상샘종 환자가 발생했다. 조사해 보니, 정신적인 스트레스가 이 병을 일으키는 원인이라는 것이 판명되었다. 실제로, 개인적으로 깊은 정서적인 감동을 불러일으키는 화제를 골라 의논을 한 실험에 따르면, 1시간도 되기 전에 혈액 속의 단백결합 아이오딘양이 2배로 늘고 갑상샘의 활동이 대단히 항진되는 것이 증명되었다.

미국 고원 지대에 사는 '오자르크'라는 인디언 종족은 신혼의 신부 목의 굵기를 재서, 신부의 감격 정도를 측정하는 풍습이 있다고 한다. 순수한 신부일수록 신혼에 따르는 여러 가지 스트레스 때문에 갑상샘의 활동이 활발해지고 부어올라 목이 굵어진다는 것이다.

일본 말에 머쓱해진다는 표현은 "코가 창백해진다"고 한다. 분함을 느껴 흥이 깨진다는 뜻으로 쓰이는 것 같은데, 실제로 '코가 창백해지는 느낌'을 하고 있는 상대를 잘 살펴보면, 코에서 콧방울의 둘레가 허옇게 되어 있다. 옛사람의 정확한 관찰력에 감탄하게 된다. 새 신부의 목 굵기가 약간 증가하는 것과 신혼의 감격의 크기라는, 얼핏 보기에 관계가 없는 두 가지 현상의 상관을 간파한 옛 인디언의 관찰력에 경의를 표하는 바이다.

스트레스에의 보루

콩팥 위의 삼각 모자

단련에도 정도가 있다.

교각살우의 우를 범치 말라.

주먹만 한 크기의 누에콩 모양을 한 콩팥 바로 위에, 주름이 많은 조그마한 세모꼴 모자를 쓴 형태로 얹혀 있는 것이 부신이다. 콩팥이 좌우에 있듯이 그 위에 탄 부신도 좌우에 하나씩 있다. 콩팥은 150g쯤의 커다란 장기인데, 부신은 남자는 평균 10g, 여자는 12g 정도의 조그마한 장기이다. 부신을 메스로 잘라보면, 절단면에서 안팎의 두 부분, 즉 바깥쪽을 둘러싼 피질과 그 안쪽의 수질이 보인다.

이 부신피질을 현미경으로 잘 조사해 보면 세 가지 층이 있다. 이 세 가지 층에서는 각각 특별한 스테로이드호르몬이 분비된다. 스테로이드라고 총칭되는 유기화합물은 요즈음 자주 화젯거리가 되는 콜레스테롤의

친척쯤 되고, 부신피질호르몬뿐만 아니라 난소나 고환 등의 성선에서 생산되는 호르몬도 화학적으로는 이 그룹에 속한다.

부신피질의 맨 바깥쪽의 과립층에서는 온몸의 나트륨이나 칼륨의 출입을 조절하는 알도스테론이, 중간층의 속상층에서는 탄수화물이나 단백질의 대사에 영향을 끼치거나 신체 내의 염증에 영향력을 가진 당코르티코이드가 분비되며, 맨 안쪽의 망상층에서는 성호르몬과 유사한 호르몬이 분비되어 특히 여성에게 영향을 준다.

부신수질만이라면 전부 잘라내도 죽지 않지만, 피질을 잘라내면 1~2주 후에 죽게 된다. 부신피질을 잘라낸 동물은 기운이 없어지며 식욕이 없어지고 구토, 설사를 한다. 혈압과 체온이 낮아지고 추위나 더위 등 각종 스트레스에 대한 저항력이 약해져 몸이 몹시 허약해진다. 몸을 조금만 움직여도 곧 심한 피로가 나타나 마침내 사망하게 된다.

병 때문에 부신의 활동이 약해지는 경우가 있다. 애디슨병이 그것인데, 중증 때에는 마치 동물의 부신을 수술로 잘라냈을 때와 같은 증상이 나타난다. 이 경우, 사소한 스트레스에도 쉽게 쇼크에 빠져 생명의 위험이 닥쳐온다.

스트레스가 몸에 가해지면, 그 자극을 알리는 경고가 뇌하수체로부터 발해진다. 이 경고가 부신에 도달하면, 부신은 호르몬을 증산해서 전신에 경고반응이라는 태세를 만든다.

스트레스의 크기가 몸의 스트레스 방위력에 맞먹을 정도의 것이라면, 몸은 경고반응에 이어 그 스트레스에 대항하는 저항력을 획득하게 된다.

이것이 단련이라든가 '익숙해짐'의 성과이다. 그런데 몸의 스트레스 방위력을 크게 웃도는 스트레스가 오랜 시간 계속해서 부하되면, 부신을 피로하고 지치게 만들기 때문에 '익숙해짐'도 획득하지 못할뿐더러, 왕겔의 '훑는 일' 사건처럼 몸을 해치게 된다.

트레이너가 선수를 지나치게 피로하지 않게 하고, 또 의욕을 잃지 않도록 훈련시키고 격려하는 것처럼, 교육이나 '훈육'에 종사하는 사람도 당사자에게 가해지는 스트레스의 크기를 고려해 조절해 주지 않으면, 부신의 경우처럼 '교각살우' 식이 안 된다고 장담할 수 없다.

싸움의 선

전투태세를 갖추는 호르몬

노발, 모두 관을 추켜올리다.

용두사미를 피한다.

부신의 존재가 처음으로 알려진 것은 지금으로부터 400년 전, 유스타큐스에 의해서였다. 당시의 기록에는 속에 액체가 든 조그마한 주머니가 콩팥 위에 올라타 있다고 적혀 있다. 부신은 바깥쪽을 싼 피질과 안쪽의 수질 두 부분으로 형성돼 있는데, 수질은 죽은 후 쉽게 융해되기 때문에, 죽은 지 며칠 후에야 비밀로 인체해부를 하던 당시로서는 어쩔 수 없는 오류였다.

부신수질은 교감신경계의 일부가 내분비기관으로 변형된 것이다. 따라서 교감신경계의 보스인 뇌의 시상하부에서 연수의 분비중추, 다시 흉수회백질에 있는 하위중추를 거쳐 부신으로 전해지는 명령계통에 의해 그 활동이 통제된다.

부신수질이 활동을 시작하면, 거기에서 아드레날린과 노르아드레날린이라는 물질이 혈액으로 보내진다. 아드레날린과 노르아드레날린은 쌍둥이로서, 작용하는 곳에 따라 힘의 강도는 다르지만 성격은 대체로 비슷하다. 이들 물질이 분비되면, 교감신경계가 활동한 것과 같은 결과가 몸속에서 일어난다.

우선 혈관, 특히 피부나 복부내장의 세동맥이나 모세혈관을 세게 수축시켜 혈압을 올린다. 얼굴 피부로 가는 혈관이 축소되어 흘러가는 혈액량이 줄기 때문에 얼굴이 창백해진다. 눈동자는 커다랗게 뜨이고 안구는 약간 앞으로 튀어나오며 맥박은 빨리 뛰고, 심장이나 근육으로의 혈액의 배급이 왕성해진다.

밤길에서 갑자기 들개에게 습격당했을 때에는 이러한 전투태세가 순식간에 준비되지만, 그 밖에도 여러 가지 경우에 본인의 의사와는 관계없이 부신수질에서 아드레날린이 분비되어 전투태세가 이루어진다. 심한 아픔이나 추위가 덮친다든가, 실혈한다든가, 질식했을 때가 그렇다.

방탕한 자식을 앞에 앉혀놓고 얼굴이 새파랗게 질려 꾸짖던 아버지가 갑자기 뇌출혈로 쓰러지는 사고도, 노발대발하다가 부신에서 아드레날린을 많이 분비시켜 급격히 혈압을 올린 결과이다.

옛 중국의 번쟁과 같은 호걸이 격노하면, 성난 고양이 등 털처럼 머리카락이 모두 일어서서 관을 들어 올렸던 모양인데, 확실히 입모근은 아드레날린의 작용으로 수축하여 털을 서게 한다. 근육의 긴장이 지나치게 높아져서 몸을 떤다든가, 식은땀이 나는 것도 아드레날린의 작용이다. 권투 시합에서도 창백한 얼굴을 하고 너무 긴장한 나머지 근육이 굳어 있는 선수는 승률이 낮은 것 같다. 올림픽 경기에서도 국가대표선수라는 긴장감에 사로잡혀 굳은 선수는 뜻밖의 실수를 저지르고 만다.

아드레날린은 혈액 속에 나오면 곧 분해되기 때문에 그 효과는 지속되지 않는다. 시합 초두에 부신을 지나치게 혹사하면, 피로하여 긴요한 때 잘 돌아가지 않아 용두사미가 되기 쉽다. 경기에 이기기 위한 비결 중 하나는 대뇌변연계에서 키워지는 근성과 배짱으로 조급히 구는 부신을 적절히 조절하여, 분비에 과부족 없이 고르게 배분하는 데 있는 것이 아닐지?

동물의 밑바닥에 있는 것

지배자의 부신은 작다.

개의 다리를 올리고 내리게 하는 호르몬

남성호르몬과 예의범절

일본 오이타(大分)시 다카사키(高崎) 산에 있는 만수산(萬壽山) 별원(別院)이라는 절의 경내에는 700마리에 달하는 일본원숭이가 살고 있다. 이 일본원숭이 사회에는 엄연한 상하 지위의 구별이 있다. 바나나 같은 먹이를 던져주면, 먼저 보스 원숭이가 먹고, 그다음 순서대로 아래 원숭이들이 먹이를 먹는 순서로, 그 서열이 명백히 구별된다. 이러한 지위의 상하 구별은 침팬지 무리에서도 존재하지만, 아마 원시적인 인간 사회에도 있었을 것이다.

군생하고 있는 보스 침팬지의 고환을 잘라내면, 그 침팬지의 지위가 훨씬 낮아져 버린다. 그런데 그렇게 된 다음에도 남성호르몬을 주사하면 얼마 안 가서 먼저 지위를 되찾는다. 이렇게 수컷 침팬지는 남성호르몬의 분비가 잘될수록 확실히 위의 계급에 올라가는데, 실은 암컷에게서도 같은 경향을 볼 수 있다. 즉 난소를 떼면 그 '지위'가 내려가고, 여성호르몬을 주사하면, 내려간 순위가 다시 이전 자리로 되돌아간다.

같은 종류의 생쥐를 몇 마리 같은 우리 안에서 기르면, 역시 지도자 지위를 차지하는 쥐와 피지배자가 되는 쥐로 갈라지는데, 지도자 격인 쥐를 해부해 보면 반드시 부신이 작다. 지도자 '지위'에 만족한 기분으로 있는 동물에 비해 아랫자리를 달게 받을 수밖에 없는 패거리들은 불평불만 등의 정신적 갈등이 스트레스가 되어 부신이 비대해지는 것인지도 모른다. 하여튼 지배자의 호르몬 사정은 성호르몬 분비는 왕성하지만, 부신호르몬 분비는 그리 많지 않다는 것이 된다.

개와 전봇대라고 하면, 한 다리를 든 개의 독특한 방뇨 모습이 연상되는데, 전봇대에 볼일이 있는 개는 성숙한 수컷뿐이다. 암캐는 다리를 드는 '버릇없는' 짓은 하지 않고, 쭈그린 채 용변을 본다. 또 강아지도 결단코 다리를 들지 않는다. 수캉아지가 다리를 들기 시작하는 것은 생후 20주쯤 돼서 사춘기에 도달한 뒤부터이다. 그런데 아직 전봇대에 어떤 반응도 보이지 않는 수캉아지에게 남성호르몬을 주사하면, 생후 12주쯤부터 다리를 들게 된다. 또 수캉아지의 고환을 수술로 잘라내면 언제까지고 다리를 들지 않는다. 성숙한 암캐에게 남성호르몬을 주사하면 얼마 지나지 않아 암캐인데도 다리를 들게 된다.

인간이 거의 알몸에 가까운 모습으로 원시적인 사회생활을 영위하던 시대에 비하면, 지금의 인간은 나날이 복잡해지는 사회의 규칙이나 관습에 십중팔구, 이중삼중으로 둘러싸여, 동물로서의 부분은 너무 깊숙이 숨겨져 있는 듯하다. 개의 방뇨 때의 자세가 인간적인 감각으로 '예의범절'에 좋다든가 나쁘다든가 평하는 것은 기묘한 일인지도 모르지만, 남성호르몬의 증감에 따라 '버릇'이 좋아지기도 나빠지기도 하는 개를 보아도, 동물로서의 인간을 무시하고 청소년에게 '예의범절'이니 '훈육'을 강요하는 것이 오히려 공허하게 느껴진다.

번뇌의 샘

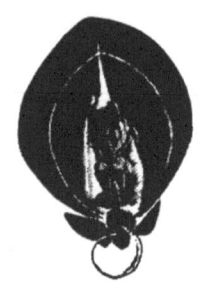

빈털터리 음낭

출세를 위한 거세

거세와 도통

　임신 3개월이 지나면 어머니 배 속의 태아에게 남녀의 차이가 생기는데, 남자 태아라도 태어나기 조금 전까지는 음낭 속의 주인공은 부재이다. 태아의 고환은 처음에 복강 내에서 콩팥 부근(배꼽 위치보다 높은 곳으로 등뼈의 양쪽)에 있으며, 거기서 발육한다. 해산이 가까워지면, 비로소 자리 잡을 곳을 향해 서서히 이동을 개시한다.

　콩팥 옆에서 음낭까지의 긴 나그넷길 도중에 고환이 여행을 그만두고 복강 내에 머물러 버린다든가, 음낭에 들어가기 직전에 서혜관 안에 머물러 버리는 일이 있다. 『신약성서』 마태복음 19장 12절에 "어미의 태로부터 된 고자도 있고 사람이 만든 고자도 있고 천국을 위해 스스로 된 고자도 있도다. 이 말을 받을 만한 자는 받을지어다"라고 기록되어 있다. 고자란 고환이 없는 남성을 가리킨다.

'어미의 태로부터 된 고자'에는, 고환이 여행 도중에 탈선을 한 자리에 주저앉아 버린 외견상의 경우와, 발육부전 등으로 실제로 고환이 전혀 없는 경우가 있다.

'사람이 만든 고자'란 거세수술로 고환이 잘린 남자를 가리킨다. 『천일야화』에는 다수의 내시들이 등장하는데, 이 내시도 '사람이 만든 고자'들이다. 거세로 인해 성욕이 상실된다고 믿었기 때문에, 수많은 미인 후궁들이 거처하는 하렘의 잡무와 잔심부름을 도맡아 하는 일이 그들에게 위임되었다.

내시라는 직제는 일찍이 그리스나 로마 제국의 시대부터 있었으며, 중국에서도 약 3,000년 전 주(周)나라 시대에 시작되어 명(明)나라 시대까지 계속되었다. 원래는 죄를 지어 궁형(去勢刑)에 처해진 자가 내시로 임명되었는데, 나중에는 '스스로 된 고자'들이 내시가 되었다.

내시는 거세로 인해 온화한 성질이 되는 반면, 음험하고 모략을 좋아하는 독특한 성격이 형성되는 모양이다. 더욱이 후궁 출입이 자유로웠기 때문에 궁중에 세력을 심고, 왕후의 총애를 받기도 했다. 내시는 출셋길을 얻기 위한 교환조건으로 자진하여 '남성'을 버린 것이다.

여성의 가입이 허락되지 않았던 중세의 엄격한 교회의 합창단에는 소년 소프라노 가수는 빼놓을 수 없는 존재였다. 소년 소프라노 가수를 만들기 위해 사춘기 전에 거세해서 음성이 변하는 것을 막는 일이 실시되어,

19세기 말엽 로마 교황 레오 13세의 금지령이 내려질 때까지, 수많은 어린 소년이 거세당했다.

사춘기 이전에 거세하면 성의 번민을 전혀 느끼지 않는 인물이 탄생한다. 성에 어지럽혀지지 않는 도덕심이 강한 수도사를 지망하여 거세수술을 받은 사람도 많았다고 한다. 이러한 사람들은 교회의 가르침대로 어려운 수도를 고통 없이 실행할 수 있었던 것 같다.

그러나 이러한 사람들이 깨달은 도통은 번뇌 없는 보리(菩提)로서 아마도 굉장히 얄팍한 것이었음이 틀림없다.

번민에 얼룩진 인간적인 득도라야만, 그림자 속에 부각된 렘브란트의 빛깔처럼 가치 있을 것이다.

뼈가 되어도 지워지지 않는 각인

남성미와 여성미
완전한 남성이나 여성은 없다.
영원히 여성적인 것

울퉁불퉁한 힘살, 넓고 두꺼운 가슴, 수염 깎은 자리가 파란 뺨 등 남성의 아름다움은 남자다운 데에 있다.

롱비치의 미스 유니버스 미인대회에서는 얼굴의 생김새나 허리나 가슴의 풍만한 계측값 이외에, 수영복에 싸인 몸과 다리와 그 움직임이 가장 여성답고 아름다워야 한다.

남성의 남성다운 특징, 여성의 여성다운 특징을 성징이라고 한다. 남성다운 목소리나 몸매, 또 여성다운 자태 등 전신에 나타난 성징을 2차 성징이라고 하며, 성기 그 자체에 관한 특징을 1차 성징이라고 한다.

1차, 2차 공히 성징의 발현은 어느 것이나 성호르몬 분비의 좋고 나쁨에 강력하게 좌우된다. 남성의 경우, 안드로겐이 성징 발현의 원동력이 된다. 안드로겐의 분비가 많아지면 수염이 나고, 사내 냄새를 풍기는 체취가 생기며, 목소리가 굵어진다. 근육의 단백질이 늘고, 신장과 체중이 훨씬 늘어난다.

만약에 사춘기에 결핵 등의 병으로 고환을 잃는다든가, 선천적으로 발육이 나쁘다든가 하면 여성처럼 허리 폭이 넓어지고 유방이나 허리둘레에 지방이 고이고 목소리도 안 변하고 수염도 나지 않는다.

여성의 2차 성징의 원동력은 난소호르몬인 에스트로겐이다. 에스트로겐의 분비가 많아지면 피하지방이 붙고 골반이 폭넓어지고 유방의 유관이 발달한다.

그런데 남성호르몬은 고환만의 특산품이 아니며, 여성호르몬도 난소만의 특산품은 아니다. 임신에서 중요한 호르몬인 프로게스테론은 남녀를 불문하고 부신에서 생산되며, 고환에서도 생산된다. 에스트로겐도 분량은 적지만 고환 속에서도 생산된다.

따라서 순수하게 남성적인 요소만 가진 남자는 없으며, 순수히 여성적인 요소만 가진 여자도 없다는 이론이 된다. 철학자 오토 바이닝겔은 주장하기를, 일반적으로 남성은 완전히 남성적인 부분 αM에다 약간의 여성적인 부분 αW를 더한 것으로 표현할 수 있으며, 여성도 마찬가지로 $\beta W + \beta M$으로 표현할 수 있고, 남녀 간의 서로 끌어당기는 힘이나 동성애, 도착애까지도 이 공식을 전개해서 설명할 수 있다고 한다.

밤거리의 네온이 켜진 집의 주인에는, 흔히 성징만으로 된 것 같은 '성적 인간'이 있으며, 1차 및 2차 성징의 조각을 팔고 산다.

　괴테는 『파우스트』에서 "영원히 여성적인 것이 우리를 높여준다"라고 했다. 메피스토펠레스의 마력을 쳐부수고 파우스트의 정신을 천국으로 끌어올린 것은 그레트헨 속에 있는 여성의 심리적 특성이었다. 이러한 성의 특징을 3차 성징이라 한다.

　불타거나 썩어 완전히 백골이 된 시체가 발견되면, 그것이 남자냐 여자냐 하는 것이 먼저 문제가 되지만, 두개골이나 골반 뼈에 나타나는 남녀의 차이는 비교적 분명하여, 판단을 그르치는 일은 없다. 인간은 뼈가 된 다음에조차도 '성'에서 벗어날 수 없다.

여성-약상자가 달린 몸

여자는 남자보다 오래 산다.

고생을 잘 견디는 여성

여자가 장수하는 원인

여자는 남자보다 오래 산다. 이것은 일본만의 일은 아니고, 거의 모든 나라에서 공통적으로 나타나는 경향이다. 일본의 연령별 사망률을 남녀별로 비교해 보면, 어느 연령층에서나 여성의 사망률이 더 낮다. 특히 고령이 될수록 여성의 사망률은 낮아지는 경향을 보인다.

성인병에 대해서 보면 뇌졸중으로 사망하는 것은, 여성 1에 대해 남성 1.007, 심장병은 여성 1에 대해 남성 1.04, 암에 대해서는 여성 1에 대해 남성 1.18이다. 결핵으로 사망하는 남성의 수는 여성의 2.5배, 폐렴이나 인플루엔자로 사망하는 남성이 여성보다 30퍼센트 많으며, 소아마비는 50퍼센트나 많다.

어떠한 신체의 구조나 기능이 이 남녀의 수명 차이를 만드는 것일까?

남자는 한 가정의 생계 담당자로서 사면초가의 직장에서 심신을 혹사당하는 일이 많기 때문일까? 1920년 플로리다주의 백인 남성의 사망률은 여성보다 14퍼센트 높았는데, 1950년에는 남녀의 사망률의 차가 62퍼센트로 증가하고 있다. 그런데 옛날의 생활양식을 그대로 전승하며, 신앙심이 두터운 남녀 수도사와 수녀 3만 7,000명을 대상으로 한 조사에 따르면, 1900년에는 수녀의 수명이 남자 수도사에 비해 겨우 1~2개월밖에 길지 않았는데, 1957년에는 5년 9개월이나 길어졌다. 이는 물론 의학의 진보와도 관계가 있겠지만, 생활 속 스트레스의 증대와 남녀의 수명차이에는 관련이 없다고 말할 수 있을 것 같다.

출혈이나 아픔이 심한 외과수술에도 여성이 남성보다 잘 견뎌내며, 제2차 세계대전 때에 강제수용소 생활의 고통을 견뎌내고 살아남은 것도 여성이 많았다.

여성은 세포학적으로 보아 유전자를 가득 함유하는 X염색체를 남성보다도 한 개 더 많이 가지고 있기 때문에 혈우병, 색맹, 감마글로불린결핍혈증 같은 '성에 관계되는' 결함에는 결코 고통받지 않는다.

여성이 좀처럼 해산으로 죽지 않게 된 후, 25세에서 40세까지 여성의 사망률은 남성의 절반 이하로 줄었다. 특히 현저한 것은 관상동맥의 병으로 사망하는 비율인데, 이 기간에는 여성 1명에 대해 남성 5~6명이 사망하고 있다. 그러나 여성도 45세가 지나면 이 병에 걸리는 비율이 높아지며, 일찍이 월경이 끊어진 여성의 이병률도 높다. 그러고 보면, 여성이 장수하는 원인은 어쩐지 에스트로겐에 있는 것 같다. 난소가 활동하는 동안 이 호르몬은 여성의 전신에 골고루 풍부하게 펴진다. 그리하여 이 호르몬은 혈액 속 콜레스테롤 증량을 억제하여, 관동맥의 경화를 막는 역할을 하는 것으로 보인다.

테스토스테론이 남성을 몰아세워 자기 자신의 몸을 불태우는 방화범 역할밖에 못 하는 것과는 커다란 차이다.

다카다 다모쓰(高田保)는 인류를 인류, 여류, 축류라고 분류해야 한다고 했으며, 구니키다 돗포(國木田獨步)[1]나 오토바이닝겔의 여성 혹평론도 있지만, 생명을 낳는 능력은 확실히 여성의 신비이다. 그렇기 때문에 '여자는 남자보다도 더 좋은 약상자를 가지고 이 세상에 나오는' 것이다.

---

1 구니키다 돗포(1871~1908년): 일본의 시인이자 소설가. 자연주의 문학의 선구로 평가받는다.

매력이 넘치는 화학공장

갓난아기의 젖
완화작용이 있는 초유
인유보다 진한 우유

태어난 지 얼마 안 되는 갓난아기의 유방이 남녀 관계없이, 1원짜리 알루미늄화 정도의 크기로 부풀어서, 짜면 엷은 젖물이 나오는 일이 있다. 독일어로 마녀의 젖이라고 불린다. 모친의 몸 안에 생긴 유즙분비호르몬(최유 호르몬)이 갓난아기에게 옮겨가 유방을 발육시키기 때문에 일어난다. 이 증상은 2주일 정도 지나면 멎고, 그 후 사춘기까지 휴지 상태가 계속된다. 사춘기에 들어서 난소가 활동을 개시하면, 유방이 눈에 띄게 발달한다. 최초에는 조그맣게 쑥 나온 원뿔이지만, 유선조직이 증식함에 따라 보호 역할을 하는 지방도 그 위에 생겨서 풍만해진다.

두 종류의 난소호르몬 중에서, 에스트라디올은 유방 조직의 발육과 성장을 촉진시키고, 다른 한 가지인 프로게스트론은 젖을 만드는 세포의 발육과 증식을 가져온다. 젖꼭지도 커지고, 젖꼭지 둘레에는 유방륜이 착색되고, 피지선이 활동을 시작하여, 갓난아기가 젖을 빨 때 유방이 마르거나 갈라지는 것을 막는다.

갓난아기가 탄생해서 2일 내지 4일간, 유방은 초유라고 하는 노란색의 끈적끈적한 액체를 분비한다. 이것에는 완화작용이 있어 갓난아기의 소화관에서 점액과 그 밖의 노폐물을 제거하는 구실을 하며, 어머니가 세균과 싸워 획득한 항체가 그 속에 분비되어, 세균에 노출된 일이 전혀 없는 갓난아기에게 부모가 물려준 저항력을 심어준다.

젖은 어떤 생물에서도 젖먹이의 요구에 꼭 맞도록 조합되어 있다. 예를 들면, 해마의 젖은 인간의 젖보다 12배나 많은 지방을 포함하고 있는데, 이는 차가운 바닷물 속에서 살기 위한 필수품인 지방으로 된 피하 재킷을 만드는 재료가 된다. 송아지는 60일 지나면 태어났을 때보다 체중이 약 2배로 늘어난다. 갓난아기의 2배의 속도인데, 이 급속한 성장에 걸맞게, 우유는 인간의 젖에 비해 2배의 단백질, 4배의 칼슘과 5배의 인을 함유하고 있다. 유방은 아기의 발육에 따라서, 점차 많은 양의 젖을 만들며, 성분도 그때의 발육에 적합하게끔 조합의 상태가 바뀌어 간다.

유선이 어떻게 젖을 만들어 내는지는 아직도 신비스럽다. 30mℓ의 젖을 만드는 데 약 12ℓ의 혈액이 유선을 순환할 필요가 있다고 생각되고 있다. 젖의 성분이 혈액의 성분과 상당히 다른 점을 보아도 유방이 단순한 보틀링 공장이 아니고, 특수한 합성화학 공장임을 알 수 있다. 젖 속의 젖당이나 단백질, 지방은 혈액 속의 포도당, 아미노산, 지발산 등의 원료에서 복잡한 과정을 거쳐 합성되는 것이 틀림없다.

여성의 유방은 예로부터 화가나 조각가나 시인 등에 의해 미의 상징으로 찬미되어 왔다. 그러나 오늘날처럼 다종다양한 대용유방의 횡행이나, 기형적 거대유방의 예찬은 어떨까. 유방을 단순히 남성을 매료하기 위한 장식적 성(性) 설비라고 생각하는 현대의 착각을 만들어 낸 것은 남녀 어느 쪽의 죄인지는 모르지만, 유아의 건강을 위해서는 물론이고 모체를 위해서도 '유아를 위한 것은 유아에게' 돌려보내야 한다.

9장

세포에서 지방까지

이중창으로 둘러싸인 기관실

가장 체온이 낮은 것은 오전 1~5시
머리와 동체가 가장 높다.
피부면에서 2cm 이하는 만인공통

영하 20℃라는 혹한의 겨울에도, 40℃에 가까운 혹서의 여름에도, 인간의 체온은 외계의 온도에 좌우되지 않고 대체로 일정하게 유지된다. 인간 이외에도 동물 가운데 거의 모든 포유류와 조류는 체온이 변동하지 않는 항온동물에 속한다. 그런데 뱀, 두꺼비, 개구리, 물고기류와 같은 하등동물은 바깥 세계의 온도가 변하면 그에 따라 체온도 변한다. 이러한 변온동물의 체온은 여름에는 20℃ 이상으로 올라가고, 겨울에는 0℃ 가까이 내려간다. 그러나 변온동물의 체온은 한여름에도 30℃ 넘는 일은 없으므로 만져보면 언제나 차갑게 느껴진다. 변온동물이 때때로 냉혈동물이라 불리는 까닭이다.

인간의 몸이라는 엔진은 운전 중에 상당한 열을 낸다. 이것이 체온을 높이는 데 공헌하지만, 체온을 일정하게 유지하려면 필요 이상의 열을 몸 밖으로 발산해야 한다. 자동차의 엔진은 연료의 폭발에 의해 동력을 얻지만, 동시에 상당한 열이 나온다. 이 열의 일부를 이용해서 겨울에는 온풍 히터로 차내를 덥히지만, 나머지 열은 냉각수에 흡수시켜 냉각수가 라디에이터 속을 순환하는 동안에, 방열판 사이를 부는 바람으로 열을 발산한다. 만일에 냉각수의 순환이 잘되지 않거나, 냉각수의 양이 부족하면, 열사병 때처럼 엔진이 과열된다.

체온이 일정하게 유지된다고 해도 산열기계가 움직이고 있을 때와 쉬고 있을 때와는 약간 다르며, 체온을 재는 부위에 따라서도 온도가 다르다. 하루 중에서 가장 낮은 시간은, 잠이 들어 몇 시간 지난 오전 1~5시 사이이고, 가장 높은 시간은 오후 2~6시 사이이다. 그러나 최고와 최저의 차이가 1℃를 넘는 일은 거의 없다.

몸의 부위에 따른 체온의 차이를 보면, 머리와 몸통은 대체로 같아서 높고, 팔, 손, 대퇴, 하퇴(다리), 발의 순서로 낮아진다. 귓불은 온도가 가장 바뀌기 쉬운 곳으로서 언제나 상당히 낮다. 뜨거운 냄비 따위를 무심코 만진 다음, 손가락 끝으로 귓불을 잡는 것은 차가운 귓불로 손가락 끝을 식히자는 것이다.

피부의 표면 온도는 그 부위의 피하 혈관이 확장하여 혈액이 많이 흐르는가에 따라 다르며, 외계의 온도나 땀이 나느냐 안 나느냐에 따라서도 다르다. 그런데 어느 부위에서도, 피부 표면에서 2cm 내부에 들어가면 직장

온도에 가까운 일정한 체온으로 되어 있다. 결국 몸의 중심부의 고온층을 두께 2cm쯤의 저온층이 둘러싼 상태로 되어 있는 것이다. 그것은 마치 이중창으로 실내와 외계를 칸막이해서 실내의 온도가 외기로 직접 영향을 받지 않도록 하고 있는 것과 비슷한 장치이다.

열혈한이라 해도, 냉혈한이라고 해도 피부 표면 2cm의 부분을 통과하면, 그 층 밑에는 만인 공통의 체온이 숨 쉬고 있을 것이다. 무정한 노인을 인정 많은 사람으로 바꾼다든지, 건달깡패가 된 방탕한 자식을 훌륭하게 개심시키는 데는, 그리 두껍지 않은 이 두께 2cm의 껍질을 관통하는 수단만이 필요한 것이다.

서모스탯이 달린 냉온방장치

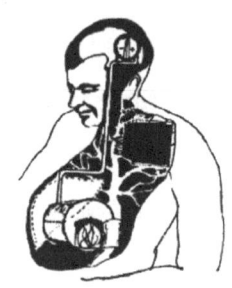

인간의 온도조절기

몸속의 산열기계

뜨거운 피

 자동조절기가 달린 난방장치가 보급돼서 작은 사업소나 가정에까지 진출하고 있다. 방의 온도가 내려가면, 자동적으로 석유버너에 불이 붙어 보일러를 끓인다. 미리 온도조절기(서모스탯)의 눈금을 어느 온도에 맞춰 두면, 보일러에서 공급되는 열에 의해 방의 온도가 거기까지 올라가면, 자동적으로 불이 꺼지게 되어 있다. 근대적인 빌딩에서는 난방뿐만 아니라 냉방도 자동적이어서, 여름에 방의 온도가 너무 높아지면 냉방기가 기능을 발휘해서 방의 온도를 내리고, 처음에 눈금을 맞춰놓은 데까지 내려가면 기계가 자동적으로 멈춘다.

 인간의 체온도 이러한 자동조절기의 역할을 하는 '장치'의 힘으로 일정한 온도로 유지되고 있다. 인간의 서모스탯은 시상하부에 장치되어 있다. 이 서모스탯에도, 체온이 내려왔을 때에 냉방기에 점화하기 위한 부분과 체온이 너무 올랐을 때에 난방기를 멈추고 냉방기를 시동시키는 부분이 있다. 난방기를 활동시키는 부분은 후시상하부의 바깥쪽에 있고, 냉방기를 활동시키는 부분은 전시상하부에 있다. 세균의 독소 따위 때문에 이 부분이 변조되면 발열이 생긴다.

찬 공기가 코로 들어가면, 반사적으로 비강 내 공기 통로를 둘러싼 점막의 혈관에 따뜻한 혈액이 자꾸 흘러 들어와, 공기가 들어오는 입구 부근의 온도를 올리는 동시에, 비도라는 환기구를 좁혀서 차가운 공기가 후두쪽으로 그대로 지나가기 힘들게 만든다. 몸의 표면에 가까운 부분의 혈관은 일제히 오그라들어 몸 내부의 따뜻한 혈액이 몸의 표면에 돌아가 식혀지는 것을 막는다. 그리하여 중추의 서모스탯으로부터 명령이 내려지고, 간이나 근육 등 평소에 열을 내는 공장에 열의 증산명령이 내려진다. '침묵의 장기'인 간은 조용히 산열기계를 100퍼센트 가동시켜 열을 자꾸 생산하지만, 힘살 쪽은 그렇게 안 된다. 컨디션이 나쁜 2기통 엔진이 공전할 때처럼 전신의 근육이 덜덜 떨리게 되는데, 이것이 바로 전율이다. 한쪽으로는 열의 지출을 줄이고, 또 한쪽으로는 열을 증산해서 체온이 올라간다.

거꾸로 체온이 너무 올라간 경우를 생각해 보자. 몸에는 전기냉장고의 제빙실처럼 저온을 만들어 내는 곳은 없다. 단지 몸속에서 생긴 열을 피부라는 라디에이터로부터 속히 밖으로 발산시키는 일을 하는 장치밖에 없다. 피부의 혈관은 넓게 확장되어, 몸 안에서 덥혀진 혈액은 피부의 표면으로 자꾸 흘러가서, 거기서 열을 밖으로 버린다. 만약에 땀이 흐르면 이 냉각의 능률은 더욱 높아진다.

정열이 타올라 '뜨거운 피'가 끓으면, 체온이 올라가는 것처럼 느껴진다. 그러나 실제로 몸 안에서 발생하는 열량은 본인이 느끼는 정도로 증가하진 않는다. 호르몬이나 자율신경의 영향으로 내부에 있던 열이 표면으로 얼굴을 내밀고, 표면에 있던 이성이 안쪽으로 밀려가는 것뿐이어서, 다행히도 본인이 애쓰는 만큼 몸은 따라가지 않는다.

몸의 냉각 가속액

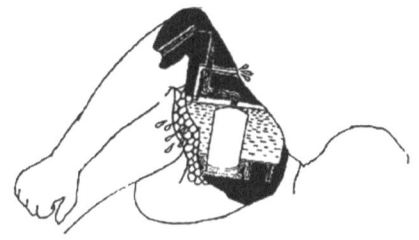

두 가지 방법으로 살결에 습기

땀과 냄새

땀을 안 내는 한선

몸 안에서 생긴 열은 피를 덥히며, 덥혀진 혈액은 순환을 통해 피부 표면으로 돌아가, 복사 및 대류에 의해 피부로부터 몸 밖으로 발산된다. 그러나 외부 온도가 높다든지, 운동 등에 의해 몸 안에서 열이 자꾸 만들어질 때는 이것만으로는 열의 발산이 불충분해진다. 여름에 맥주를 차게 할 때, 맥주병을 젖은 타월로 싸서 바람이 잘 통하는 곳에 놔두면 잘 식는다는 부엌의 지혜로도 알다시피, 물에 젖은 것이 마를 때에는 기화열이 날아가 식는다. 물에 젖은 피부가 마를 때에 식는 메커니즘으로 신체도 능률적으로 냉각된다.

신체는 두 가지 방법으로 피부를 적시고 있다. 하나는 돌담처럼 쌓아

올린 피부 세포의 틈으로부터 물기가 배어 나와 눈에 안 보일 정도로 피부에 습기를 준다. 또 한 가지는 한선에서, 누구나 아는 땀이 나와서 살결을 적신다.

극히 드문 일이긴 하지만 태어날 때부터 한선이 없어서 땀이 나지 않는 사람이 있다. 또 피부위축 때문에 한선이 기능을 발휘하지 못하는 일도 드물게 있다. 이러한 사람들은 짧은 시간 동안 햇볕에 노출되기만 해도 체온이 40℃ 이상으로 오른다. 그리하여 체온이 오르면, 마치 한선이 없는 동물인 개처럼, 1분간에 90회나 헐떡이며 호흡을 하게 된다.

한선에는 두 가지 종류가 있다. 하나는 에크린선(또는 小汗腺)이고, 또 하나는 아포크린선(또는 大汗腺)이다. 아포크린선은 땀 속에 선세포의 부서진 조각을 섞어 분비하는 점이 에크린선과 다르다. 포유동물 가운데 인간 이외에 한선을 가진 동물은 거의 아포크린선밖에 없으며, 뚜렷한 체취를 풍긴다. 인간의 아포크린선은 겨드랑이 밑, 유방, 음부 등에 분포하고 있으며, 원래 로랑[1] 송신소처럼 자기의 존재를 주위, 특히 이성에게 알리는 역할을 하는 것 같다.

한선 가운데는 실제로 '땀을 흘리고' 일하는 한선과 땀을 내지 않는 부실한선이 섞여 있다. 부실한 선은 현미경으로 구조를 조사해 봐도 아무런 결함이 없고, 겉보기에는 꼭 같은 형태인데도 전혀 활동하지 않는다. 같은 모습을 하고 있으면서 한쪽은 일하고, 다른 한쪽은 전혀 일을 안 한다고

---

[1] loran, long range navigation의 약어. 전파를 사용하여 선박, 항공기의 위치나 항로를 구하는 장치 또는 그 장치를 사용하는 항법의 일종이다.

하면, 회사 같은 곳에서는 '같지 않은 것을 걱정하는' 패거리들이 그들을 '월급도둑'이라고 떠들고 대소동을 벌일지도 모른다.

신체나 회사나 대공장 등의 큰 유기체가 운영되는 경우에 어떤 하나의 시점만을 보면, 어딘가의 부분에 아무래도 피할 수 없는 일 분담상의 불공평과 일그러짐이 생긴다. 한선처럼 보지 않고, 듣지 않고, 말하지 않는 직원만으로 회사를 조직하는 것은 현재로는 불가능할 것이다. 또한 땀을 내는 일에 이의를 느끼는 직업사명감이나, 전체의 생명유지라는 지상명령을 강요함으로써 이런 불공평을 납득시키는 것도 쉽지 않다. 그러나 "좌나 우로 치우쳐 손쉬운 표어를 발견하려는 짓은 다시 안 하겠다".

양심과의 싸움에서 흐르는 땀

땀의 잠복기

정신성 발한

거짓말탐지기와 땀

　서늘한 여름 산으로 피서를 갔다가 제트기로 한 시간을 날아 한증탕 같은 김포공항에 내리면, 짧은 잠복기 뒤에 이마, 가슴, 등에서 일제히 땀이 흘러나온다. 이처럼 더위 때문에 나오는 땀을 온열성 발한이라고 하며, 손바닥과 발바닥을 빼놓은 전신의 피부면에서 나온다. 주위 온도가 높거나 근육운동 결과, 체내의 열 발생이 많아져 이대로는 체온이 자꾸 올라갈 것 같은 느낌이 들면 어떤 잠복기를 두고서 땀이 나오기 시작한다. 이 잠복기의 시간은 겨울은 길고 여름은 짧으며, 사람에 따라서도 다르다. 나오는 땀의 양 역시 사계절에 따라 다르며, 신체 부위에 따라서도 다르고 개인차도 심하다. 보통 얼굴, 목, 등, 손 등에서 많이 나온다.

같은 땀이라도 손바닥, 발바닥과 겨드랑 밑의 땀은 다른 부분의 땀과 전혀 성질이 다르다. 올림픽 경기를 TV 중계로 보면서 무의식중에 '손에 땀을 쥐었다'거나 시소 게임을 되풀이 하는 야구를 응원하면서 손에 땀을 쥔다거나, 한때 백화점에 전시된 '유령의 집'을 지나면서 겨드랑이 밑에서 식은땀을 흘린 경험을 가진 사람도 많을 것이다.

이런 땀은 정신성 발한이라는 것으로서, 정신적으로 강하게 감동했을 때라든가, 놀랐다든가, 긴장했을 때 온열성 발한과는 다른 중추로부터의 명령으로 분비된다.

땀은 99퍼센트가 물로서, 그 밖에 식염, 요소, 요산 등 오줌 속에 포함되는 물질의 대부분이 극히 소량씩 들어 있다. 마치 오줌을 대량의 물로 희석한 것이 땀이다.

인간 피부의 전기저항은 땀이 나왔는가 아닌가의 여부로 크게 달라진다. 그래서 손바닥에 전극을 대고 전기저항을 재면, 땀이 나오자마자 순간적으로 전기저항이 떨어지므로 확실히 그렇다는 것을 알 수 있다.

손바닥에서 땀이 나오는 양상은 감정의 영향을 민감하게 받기 때문에 장치를 달아서 검침계의 바늘 움직임을 보면, 그 사람이 감정을 움직였는지 아닌지의 여부를 알 수 있다. '거짓말탐지기'가 이것이다. 입을 씻고 그럴싸하게 거짓말을 꾸며댔다고 생각해도, 거짓을 말할 때는 거짓을 말하지 않을 때보다도 손바닥에 땀이 어김없이 더 나와 기계에 분명히 나타나는 것이다.

염라대왕(閻魔大王)이 혀를 뽑을까 어쩔까를 결정하는 데 씀 직한 기계이지만, 실제로 검사받는 사람이 정신병자가 아니라면, '거짓말탐지기'가 보이는 결과는 매우 정확하다. 즉 누구나 거짓말을 할 때에는 자신의 양심을 설득하기 위해 상당한 정신적 노력을 하여 감정의 움직임을 경험한다는 것이 증명된 셈이다. 이렇게 생각하면 양심을 가지지 않은 인간은 없다는 의학적 증명이 이루어졌다고 할 수 있을 것 같다.

성선설과 성악설의 논쟁도 거짓말탐지기의 발명으로 종지부를 찍었다고 봐야 할 것인가. 도학자 선생이라면 만세를 부르고 싶은 심정일지도 모르겠다.

생명의 작은 조각

감자나 오이 모양을 한 대화학공장

14조에 달하는 세포

매일 2퍼센트가 죽는다.

커다란 벽돌 건물이 조그마한 벽돌들이 모여 이루어지듯이, 인간의 몸도 현미경으로 보지 않으면 안 보이는 방대한 수의 조그마한 세포의 집합으로 이루어져 있다.

보통 세포는 세포질과 핵 및 세포막의 세 가지 주요성분으로 구성되어 있다. 세포질은 섬유형태 또는 막형태의 단백질분자가 복잡하게 얽혀 그물코를 만든 것이다. 이 그물코는 그 자신이 다수의 공작기계(효소)를 설비한 공장인데, 세포 속의 다른 여러 가지 공장에 대지를 제공하고, 또 공장에 원료를 반입하거나, 제품을 반출하는 노선까지 개통하고 있다.

전자현미경으로 보면 이 그물코 위에 리보핵단백의 낱알이 작은 점으로 보인다. 리보핵단백은 지름 0.02미크론(1미크론은 1mm의 1,000분의 1의 길이) 정도의 작은 것이지만, 세포가 늘 때에 새로운 세포질을 자기와 같은 형으로 만드는 선반 역할을 하는 중요한 물질이다.

세포질의 이러한 그물코 속에는 또한 미토콘드리아라는 0.2~3.0미크론 크기의 감자나 오이 모양을 한 물질들이 많이 들어 있다. 잘 보면 엷은 이중의 막으로 싸인 완두콩 꼬투리의 내부처럼, 그 속에는 적어도 25종류의 효소계가 나란히 들어 있다. 이 효소계는 영양소를 불태워 세포 내에서 에너지를 생산하는 일을 하고 있다. 미토콘드리아의 수는 세포에 따라 다른데, 간의 한 개의 세포는 약 1,000개의 미토콘드리아를 가지고 있고, 미토콘드리아의 하나하나는 같은 효소계를 2,000개나 가지고 있으므로, 현미경으로 간신히 보이는 이러한 미토콘드리아가 실은 능률이 훌륭한 대화학공장 구실을 하고 있다.

세포핵은 세포의 활동에 대해 총괄적인 통제 역할을 하는 이외에, 디옥시리보핵산(이하 DNA라고 약칭한다)으로 구성된 염색체를 포함하고 있다. 염색체는 유전자를 함유하고 있으며, 그 세포에서 다음 세대의 세포가 생성될 때, 새로운 세포의 구조라든가 기능 등을 결정하는 설계자의 역할을 한다. 핵 속에 있는 핵소체는 세포질 속의 리보핵단백과 같은 물질로 형성되어 있어 핵막에 있는 작은 구멍을 통해 설계자인 유전자의 명령을 현장에 전달하는 현장감독 역할을 한다.

세포는 세포막에 있는 작은 구멍을 통해서 영양분을 섭취하고, 세포가 생산한 제품을 출하하고, 공장에서 생긴 폐물을 버린다. 특수한 화학물질에 의한 세포 사이의 전령도 여기를 통해서 이루어지는 것 같다.

하루 동안, 우리 몸의 세포 총수 가운데 2퍼센트씩이 죽어서 없어지고, 그 대신 매일 수천억이라는 세포가 새로 생겨서 이를 보충한다. 가장 교체가 심한 것은 피부, 골수, 장관, 그리고 남성의 성선이다. 건강한 경우, 그 밖의 기관에서는 교체의 속도가 훨씬 느리다. 간의 세포 따위는 1년 6개월이라는 긴 수명을 누린다.

1천조에 달하는 전신의 세포 하나하나의 신비스러운 활동도 그렇지만, 이처럼 방대한 세포를 통제하며 생명을 운영해 가는 기구의 훌륭함은 실로 신을 보는 기분이다.

접어서 속에 넣은 설계도

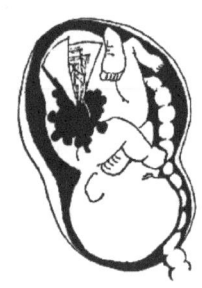

왜 심장은 하나밖에 없는가.
하나의 DNA는 70만 건의 지령을 낸다.
자기와 같은 인간은 없다.

허파나 콩팥이 좌우에 두 개씩 있는데, 왜 소중한 심장은 하나밖에 없을까라는 질문을 받곤 한다. 혈관이라는 파이프의 배관이 지금과 전혀 별개의 방식으로 되어 있다면, 두 개의 심장으로도 기능을 잘 발휘할 것으로 보인다.

그러나 실제로 두 개의 심장을 가진 갓난아기는 태어나지 않는다. 갓난아기는 어머니의 태내에 있는 동안 쭉 어머니로부터 발육에 대한 지시를 받으므로 잘못된 발육은 없을 거라고 생각할지 모른다. 그런데 임신기간 동안 모체는 태아의 발육에 필요한 영양을 공급하지만, 건축단위인 세포에 대해서는 최초의 난세포 한 개밖에 주지 않는다. 예를 들면 혈액인데, 태반을 경계로 모체의 혈액과 태아의 혈액은 마주 대하고 있지만 결코 섞이지 않으며, 모체는 결코 태아에게 '피를 나누어 주지' 않는다. 결국 모체는 태아에게 영양에 의한 영향을 주어도, 언제 심장을 어디에 몇 개 만들라는 등의 발육에 관한 지시는 전혀 하지 않는다.

그래도 맨 처음에 한 개였던 세포는, 혼자 분열을 계속해서 수정 후 9개월이 되면 천문학적 수로 늘고, 그러면서도 성장은 시곗바늘처럼 정확하게 진행하여, 심장은 한 개로, 혈관의 배관은 예로부터 있는 해부도처럼 형성되어 간다.

이러한 비밀은 세포핵의 염색체 속에 있는 디옥시리보핵산(DNA) 속에 숨어 있다. DNA는 길이가 같은 가로대(횡목)로 연결된 나선계단처럼, 두 줄의 서로 엉킨 테이프 모양의 코일로 구성되어 있다. 현미경으로 간신히 보이는 크기밖에 안 되는 인간의 하나의 세포핵 속 이 코일을 연장하면 1.5m라는 굉장한 길이가 된다. 이 코일 속에는 난세포에서 어른으로 발육하여 죽을 때까지의 몸에 대한 모든 설계도가 접혀 들어 있다. 인간의 한 개의 세포 내의 DNA가 지닌 이 설계도의 내용을 문장으로 번역하여 그것을 타이프하면, 1,000권의 백과사전이 된다고 하며, DNA가 내는 지령의 업무 수는 70만 건에 달하는 것으로 추정된다.

어떤 사람의 세포 속 DNA는 그 사람의 근본이 된 난세포가 수정되는 순간, 양친의 DNA 속에 포함된 설계도 속에서 절반씩이 뽑혀서 합체되어 만들어진 것이다. 이 방대한 수에 달하는 설계도 속의 지령 순열, 조합 수를 생각해 보면, 아마 인간이 지구상에 발생한 이래, 완전히 자기와 같은 인간은 과거에나 미래에나 존재할 수 없다는 것을 추정할 수 있다. 그리고도 가장 첫 번째 세포에 가져다준 DNA 속의 이 순전히 개성적인 설계도는 60조 가까운 체내의 모든 세포핵 속의 DNA에 그 복제가 전달된다.

생각해 보면, 모친도 부친도 자기의 세포핵 속의 DNA에 실린 조상에서부터 물려받은 설계도를 자식에게 물려주지만, 어머니는 태아가 태내에 있을 때조차도 단지 영양 공급인에 불과하다. 하물며 태어난 다음에 자식이 어버이를 '학자금이나 용돈을 대주는' 기계로밖에 생각하지 않는 것도 어쩔 수 없는 생물학적 필연인지 모른다.

'생명의 근본인 효소'

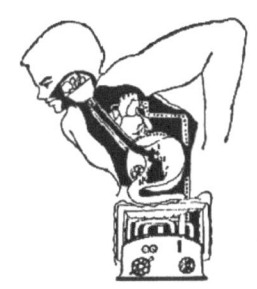

하루 삶을 것을 2~3시간으로 OK

에너지를 공급하는 ATP

암살자 효소

실험실에서 한 조각의 고기를 소화해서 그 구성성분인 아미노산으로까지 분해하려면, 고기를 진한 산 속에서 온종일 삶는 화학조작이 필요하다. 그런데 몸속에서는 효소가 같은 일을 2~3시간에, 더구나 37℃라는 저온에서 해버린다.

몸에 들어간 영양물은 입을 지나고 위장을 지나는 사이에 많은 종류의 효소 작용으로 소화되어, 체내에 섭취되고 저장된다. 저장된 물질은 각종 효소의 활동을 통해 '생명의 불'의 연료가 되고, 연소과정에서 생성된 에너지는 아데노신삼인산(ATP라고 약칭한다)으로 저장된다. 심장이 박동하고, 호흡을 할 수 있는 것은 효소의 중개에 의해 ATP가 근섬유에 에너지를 공급하기 때문이다.

　신경의 말단이나 신경과 근육의 접속점에서 극히 미량의 아세틸콜린이 방출되기 때문에 신경 속을 거쳐 온 정보가 접속점을 넘어서 다음의 뉴런으로 옮겨가기도 하고 그 작용을 나타내기도 한다. 이렇게 중요한 역할을 하는 아세틸콜린이지만, 임무가 끝나면 그 자리에서 파괴해 '임무해제'해 버리지 않으면, 심장 등에 치명적인 부작용을 일으킨다. 봉건시대 성을 쌓을 때 비밀구조를 만든 도목수가 성곽의 완성과 동시에 살해되었듯이, 살해 임무를 맡은 다른 효소가 당도해서 몇 십 분의 1초라는 눈 깜짝하는 단시간에 임무가 끝난 아세틸콜린을 분해해 버린다.

　효소와 그 효소의 작용을 받는 물질은 열쇠와 자물쇠처럼 전문이 있어서 전문의 대상에만은 뛰어난 작용을 나타내지만, 그 밖의 기질에는 모르는 체하는 것이 특징이다. 아세틸콜린을 합성하는 효소와 아세틸콜린을 파괴하는 효소가 서로 이웃하더라도 자기의 전문 이외는 결코 관여하지 않는다. 따라서 대단히 복잡한 화학반응의 짜맞춤으로 지탱되고 있는 인간의 몸에는 알려진 것만 해도 650종류나 되는 효소가 있으며, 아마 앞으로도 많이 발견될 것이다.

　효소는 이렇게 생명을 대변하는 작용을 하므로, 파스퇴르 시대까지는 "생명 없이 발효 없다"고 하여, 발효와 같은 효소에 의한 화학적 변화는, 일체 생물에 의해서만 발생한다고 생각했다. 그런데 1926년 작두콩에서 우레아제(요소효소)가 화학적으로 순수한 결정단백질의 형태로 추출되면서부터 효소도 순수한 화학물질이라는 것이 증명되었다. 지금까지 이

미 약 100종류의 효소가 순수한 결정의 형태로 추출되었다.

어떤 종류의 효소가 없어진다든가, 결함이 있기 때문에 생기는 질환이 알려졌다. 어떤 유전자의 불완전함이 그것에 유래하는 효소를 불완전하게 하고, 그 때문에 병이 발생한다고 생각하는 것이다. 생명이 없는 수백 종의 효소가 한데 모여 '생명의 불'을 태우고, 효소의 불완전함이 '생명의 불'을 흔들어 질병을 초래하는 것이다.

미래에 영원히 사는 형질

금발과 흑발

미남, 미녀가 늘어난다.

어버이를 닮지 않은 아이

　대학 졸업 전후의 10년쯤, 나는 1시간 정도의 거리를 기차를 타고 대학에 다녔다. 네 사람이 한 조가 되는 좌석의 앞쪽에, 의좋은 부부와 아이가 나란히 앉는 일이 흔히 있었다. 당시 부모자식 간의 귓바퀴의 형태가 닮은데 흥미를 느끼고 있었는데, 자식의 귀는 부친과 모친의 형태를 꼭 닮았으면서, 조금도 모순 없이 작은 한 쌍의 귀로 되어 있었다.

　양친의 특징이 자식에게 전해지는 것을 유전이라고 한다. 아마도 태고 때부터 많은 사람들이 이 사실을 깨달았음이 틀림없는데 유전이 무엇에 의해서, 그리고 어떻게 자식에게 전해지느냐 하는 것이, 과학적으로 문제된 것은 근 100년쯤 전의 일이다. 그리고 그것이 유전학이라는 학문의 형태로 발전한 것은, 그 후 다시 35년 경과한, '멘델의 법칙의 재발견' 이래의 일이다. 인간의 세포 속에 있는 46개의 염색체는 형태와 크기가 거의 비슷한 것이 짝을 이룬다. 그중 한쪽은 부친의 정자에서, 다른 한쪽은 모친의 난자에서 유래하며, 각각의 염색체 속에 양친의 유전적인 특징이 들어 있다. 단 남자의 한 조의 염색체만은 짝이 되어 있지 않다. 즉 모든 염색체의 형태와 크기 등이 공히 짝이 된 경우 여자가 되고, 22쌍은 짝으로 돼 있으나 한 조만 짝으로 되지 않은 경우 남자가 된다.

양친 중 한쪽 머리 색깔이 검고, 한쪽이 금발이라면, 자식에게는 검은 머리카락의 유전자와 금발의 유전자가 염색체 속으로 들어가지만, 실제로 태어나는 자식의 머리카락은 검은색일 수 있다. 즉 자식에게 나타나는 하나의 특징은 양친에게서 물려받은 유전자가 서로 다른 경우에는, 둘 중 한쪽밖에 표면에 나타나지 않는다. 표면에 나타나는 특징(형질이라고 한다)을 우성이라고 하며, 숨어버리는 형질을 열성이라고 한다. 우성이라고는 하지만, 검은 머리카락 쪽이 금발보다 우수하다는 뜻은 아니다. 곧은 머리카락은 곱슬머리나 웨이브가 진 머리카락보다 열성이며, 눈 색깔은 검정, 다갈색, 회색, 녹색, 청색의 순위로 열성이 된다.

홑꺼풀 눈과 쌍꺼풀 눈은 쌍꺼풀이 우성, 속눈썹은 긴 쪽이 우성으로 유전된다. 또한 높고 폭이 좁은 코는 낮고 넓은 코에 대해 우성으로 유전하므로, 속눈썹이 길고 검은 눈동자에 코가 높은 미남, 미녀가 점점 지구에 많이 늘어나게 되는 셈이다.

부부는 서로 닮는다고 한다. 속눈썹이 둘 다 짧고, 코가 낮은 사람끼리

결혼하면, 속눈썹이 짧고 코가 낮은 아이가 태어난다. 양친이 속눈썹이 길고 코가 높더라도 그 아이의 두 쌍의 조부모의 각기 한쪽이 속눈썹이 짧고 코가 낮았다면, 속눈썹이 짧고 코가 낮은 아이가 태어날 확률은 4분의 1이다. 극히 드물지만, 양친에게는 없었던 형질이 돌연 아이에게 나타나는 수가 있다. 이를 돌연변이라고 한다. 돌연변이로 생긴 '양친을 안 닮은 자식'의 형질도, 그다음 대에서부터는 유전된다.

　이렇게 생각하면, 지금 여기에 있는 한 사람의 인간의 배후에는 세로로 연결되는 오래고 오래된 조상의 역사가 문자 그대로 맥맥히 전해지고 있는 것을 느낀다. "장난으로 연애를 해서는 안 된다".

언제나 새로운 가죽부대

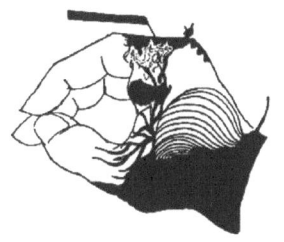

피부의 탈피

아리스토텔레스의 콩

소름이 끼친다는 것은

『신약성서』 마태복음에 나오는 '새 포도주는 새 가죽 부대에'라는 말대로, 일진월보를 계속하는 인류는 언제나 새로운 가죽부대 속에 들어 있다. 작년의 피부를 현재 그대로 뒤집어쓰고 있는 사람은 한 명도 없다.

표피 안쪽의 원주세포층이 때때로 분열하여 새로운 세포를 만들고, 그것이 수 주일에 걸쳐 표피의 표면에 서서히 밀려 나온다. 이 세포가 드디어 피부표면에 가까이 나오면 세포로서의 생명을 상실하고 각질화하여 20개쯤이 겹쳐 쌓여 바깥쪽에서부터 점차로 때가 되어서 자신도 모르는 사이에 떨어져 탈피하는 결과가 된다.

끝이 극히 가는 것으로 닿게 하거나 찔러 조사해 보면, 1m²의 피부의 넓이 사이에 아픔을 느끼는 통점은 약 100~250개소, 닿은 것을 아는 촉점은 약 25개소, 차가운 것을 아는 한점은 6~20개소, 따뜻함을 아는 온점은 약 3곳쯤이어서, 그 장소 이외에서는 느낌이 없다. 이러한 감각점의 수는 부위에 따라 다르지만, 헬렌 켈러의 촉각처럼 훈련을 통해 날카롭게 할 수 있다. 감각점의 피하에는 제각기 다른 형태의 감각 수용기가 있으며, 하나의 수용기에서 하나의 신경경로가 개통돼 있어 자극이 그대로 대뇌피질로 전해지기 때문에, 눈을 감고 있어도 어느 부분의 피부가 자극되었는지 곧 알 수 있게 되어 있다. 이렇게 하여 형성되는 감각이지만, 역시 착각은 있다. 아리스토텔레스의 콩이라 이름 지어진 실험에서, 눈을 감고 집게손가락과 가운뎃손가락을 교차해서 그 사이에 콩을 끼우고 책상 위에서 움직여 보면 한 개의 콩이 두 개처럼 느껴진다.

　내용물의 60퍼센트 이상이 수분으로 이루어진 우리의 몸을 둘러싸고, 수분이 마르지 않도록 막고 있는 완전방수 커버가 바로 피부이다. 자동차의 라디에이터가 엔진의 과열을 막듯, 피부 역시 육체라는 엔진의 과열을 막는 역할을 한다. 이 기능은 피부의 표면과 거기에 수없이 많이 분포하는 한선(汗腺) 덕분이다.

　피부의 솜털에는 매우 미세한 근육(立毛筋)이 붙어 있는데, 추워서 소름이 끼치거나, 무서워서 소름이 돋을 때 이 입모근이 수축하면서 털을 잡아당겨 곤두서게 만든다.

　사람의 연령은 피부에 새겨진다고 한다. 갓난아기는 신선하고 섬세한 피부를 가지고 있으며, 청년의 피부는 무수한 탄력섬유에 의한 긴장력과 피지의 적당한 윤기로 생기가 넘쳐흐른다. 결혼 직전의 처녀의 부드러운 살결은 호르몬 분비의 고조 속에서 빛나리만큼 아름다운 윤기를 띤다. 노인의 피부는 피지의 분비가 줄어 마르고 느슨해져서 육체연령을 표시하는 척도가 된다.

    피부 색깔은 표피 속 유극세포층과 원주세포층에 포함된 멜라닌 색소의 양에 따라 결정된다. 전신의 총량이라야 겨우 1g의 멜라닌색소가 흑인종의 피부와 백인종의 피부와의 차이를 만든다. 더구나 이 색소의 양의 차이는 그 인간의 정신의 아름다움이나 체력의 우열 등과는 관계없이 인간들 사이에 끈질긴 애증을 낳고, 엉클톰의 비극의 원동력이 되는 것이다.

불가사의한 힘을 가진 피부의 부속품

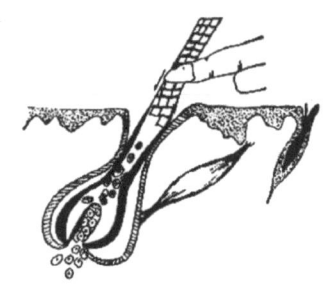

털이 나지 않는 곳

털의 역할

여자의 머리카락은 코끼리도 동여맨다.

　털은 포유동물에 특유한 피부의 부속품으로, 생태학적으로 표피에서 생긴다.

　인간의 몸 표면에는 거의 전신에 골고루 약 50만 개의 털이 나 있다. 그러나 털이 전혀 나지 않는 부위도 있다. 손바닥, 발바닥, 손가락의 굴곡면, 손가락 끝마디의 배면, 입술, 귀두, 음핵, 포피내면 등이다.

　마치 장화를 신고 부드러운 진흙 속에 발을 집어넣은 것 같은 형태로 피부에 꽂혀 있는 것이 털이다. 장화가 모낭이고, 속의 발이 털이라는 배열로 되어 있다. 장화의 발꿈치와 발가락 사이의 우묵한 곳에 있는 밟힌 진흙 부분에 해당하는 곳이 모유두이다. 이 모유두에서 새로운 세포가 차례차례로 생기며, 낡은 세포를 모낭 쪽으로 밀어 올린다. 밀어 올라온 세포는 각질화 과정을 거쳐 털로 변한다. 결국 모유두가 털의 발생과 성장을 지배한다. 털을 억지로 잡아당기면 모근에 흰 것이 붙어서 빠지는데, 그것이 모낭의 일부이다.

피부 표면에 나와 있는 털의 부분을 모간이라고 한다. 모간을 현미경으로 보면, 모소피라는 인편이 지붕의 기와처럼 겹쳐져 있는 것이 보인다. 머리카락을 손바닥 위에 놓고, 그 위를 가볍게 손가락 끝으로 눌러 좌우로 움직여 보면, 이 기와의 겹친 것을 아래로부터 비벼 올리는 것처럼 할 때는 움직이지만, 위에서 아래로 비빌 때는 머리카락은 움직이지 않는다. 기와는 모근에서 털끝 쪽을 향해서 이어져 있으므로, 손가락에 따라 이동하는 방향이 모근 쪽이 되는 셈이다. 모소피 밑에 방추형의 각화세포로 형성되는 모피질이란 층이 있으며, 멜라닌 색소과립과 약간의 기포가 포함되어 있다.

머리카락의 중심은 모수질로, 2~3열의 다각형 또는 구형 세포로 구성되어 있다. 이 세포 안에도 소량의 멜라닌 색소과립이나 기포가 함유되어 있다.

털 색깔은 모피질과 모수질 속에 있는 멜라닌 색소과립의 양으로 정해진다. 색소가 없어지면 회백색이 되고, 기포가 증가하면 은백색이 된다.

털에는 일정한 수명이 있으며, 수명이 다되면 모낭은 위축해서 휴지기에 들어가 탈모된다. 머리카락은 3~5년, 속눈썹은 3~5개월로 새로 돋아 나온다. 머리피부 모낭의 대충 90퍼센트가 일하고, 10퍼센트가 쉰다. 그런데 몸의 다른 부위에서는, 그와 반대로 쉬고 있는 모낭의 수가 더 많다.

    털의 역할 중 가장 중요한 것은 몸 표면의 보호이다. 겨드랑이나 비너스의 언덕의 털은 마찰로 인한 피부의 손상을 막는 데 유용하며, 머리카락도 외부의 마찰이나 충격에 대해 상당한 보호작용을 한다. 눈썹은 눈에 땀이 흘러 들어가는 것을 막으며 코털, 귀털과 속눈썹 등은 먼지나 벌레의 침입을 막는다. 콧수염, 턱수염 등은 남성의 성징을 자랑하는 장식적인 요소이기도 하다.

    "여자의 머리카락은 코끼리도 맨다"는 말이 있듯, 확실히 윤기 나는 검은 머리카락은 여성의 매력을 돋보이게 하는 중요한 요소로, 분명 남성의 마음을 끌어당긴다.

쇠보다도 든든하고 오래가는 굴대

씨일드 공법으로 늘어난다.
거인 아틀라스가 지탱하는 머리
지구에서 가장 오래가는 물질

골격은 신체의 지주로서 실로 능률적으로 잘 구성되어 있다. 대퇴골이나 경골 등의 장관골은 대나무 줄기처럼 속이 비어 있다. 이러한 중공(中空) 구조는 같은 무게의 푸조나무 기둥보다도 지탱력이 강하다는 원리에 부합한다.

뼈 표면의 딱딱하고 긴밀한 곳을 치밀질이라고 하고, 치밀질 내부의 해면 같은 구조의 부분을 해면질이라 하는데, 해면질을 만드는 해면소주의 배열 방향이 역학적으로 가장 지지력을 강하게 하는 방향이라고 한다. X선으로 보면, 해면소주는 근대적인 다리의 교판을 받치는 재목처럼 아름다운 곡선을 이루고 나란히 배열되어 있는 것을 볼 수 있다. 이러한 정교한 역학적 구조 때문에 뼈는 같은 무게의 강철제의 지주보다도 강하다.

몸의 지주로서의 골격에는, 가볍고 든든하다는 것 말고도, 두 가지 어려운 과제가 부과되어 있다. 하나는 성장의 문제이며, 또 하나는 자유로운 가굴성 유지의 문제이다. 사람의 몸은 곤충처럼 껍질을 벗지 못하므로, 몸이 성장함에 따라 뼈도 성장해야 한다. 뼈에 대해 한편으로는 견고한 지주로서의 역할이 요구되면서도, 다른 한편으로는 성장에 맞추는 폭넓은 성격을 요구하고 있다.

양친의 보호를 받으며 위험에 부딪치는 일이 적고, 체중도 가벼운 영유아기에는 장차 뼈가 되는 대부분은 아직 연골 상태로 남아 있다. 몸의 발육과 그 뼈에 대한 역학적 요구에 맞추어 발육에 방해가 되지 않는 부분부터 조금씩 딱딱한 뼈로 화골되어 간다. 또 장관골의 경우는, 마치 씨일드 공법으로 터널을 팔 때, 굴진해 가서 씨일드를 연장해 나가듯이 장관골의 양쪽 끝에 있는 골단선에서 새로운 뼈를 만들어 낡은 뼈에 더해서 길이를 늘리는 방법을 쓴다.

뼈의 지주에 가굴성을 부여하는 것은 관절이다. 관절의 구조와 인대, 근육의 장력의 도움에 의해 지주로서의 힘을 약화시키지 않고 자유로운 가굴성을 실로 교묘하게 얻을 수 있게 되어 있다. 무거운 머리를 떠받치는 제1경추는 지구를 지탱하는 거인에 비유해 아틀라스라고 하는데, 제2경추와 함께 머리의 무게에 견디고, 더구나 충분한 가동성을 확보하는 실로 훌륭한 구조를 가지고 있다.

척추골 사이에는 추간판이라는 탄력성이 있는 쿠션이 삽입되어 있으며, 척추 전체가 활 모양의 용수철 구조를 이루고 있어서, 무거운 머리를 얹고서 높이 뛰어내리거나 뛰어오를 때의 충격을 흡수한다. 용수철의 아치는 발바닥에도 있으며, 뼈와 인대에 의해 훌륭한 구조가 형성되어 있다.

뼈는 지상에서 가장 '오래가는' 물질의 하나이다. 습기에 침식되는 쇠나 풍화에 약한 돌보다도 훨씬 변화되기 어렵다. 10년 전의 살인사건이 뜻밖에 땅속에서 나온 백골에 의해 백일하에 드러나 시효 전에 범인이 잡혔다는 이야기도 내구성이 강한 뼈 덕분이다. 또한 100만 년 전 원인의 뼈 화석이 출토되어 인류의 조상에 관한 연구가 진척되는 것도 놀라운 뼈의 내구성에 연유한다. 사람은 죽은 뒤 적어도 뼈는 남기는 것이다.

분주히 살아 있는 지주

뼈와 혈액

뼈와 칼슘

방사능의 해독

건축 중인 빌딩 공사를 바라보는 것은 어쩐지 즐거운 일이다. 기중기가 철골을 끌어올린다. 큰 소리로 신호를 하면서, 그것을 제자리에 고정시키고 리베트를 박는다. 붉은색 철골 구조가 완성되어, 콘크리트를 치기 시작하면 하루하루 빌딩다운 모습으로 되어간다. 빌딩이 완성되면 더 이상 내부의 철골을 볼 수 없기 때문에, 콘크리트의 옷 속에서 지주로서의 역할을 하는 철골의 존재를 잊어버리게 된다.

저축한 돈의 이자로 먹고사는 은퇴한 노인처럼 몇 해 전에 골세포의 분비물로 만든 골조를 부동산처럼 임대하면서 게으름을 부리는 것이 골격이라고 생각하기 쉽다. 그런데 천만의 말씀이며 뼈는 몸 전체에서 가장 분주하게 활동하는 기관의 하나이다.

혈액 속의 적혈구는 산소의 운반자로서 생명을 좌우하는 중요한 역할을 하지만, 수명이 짧기 때문에 매분 평균 1억 8,000만 개가량의 적혈구가 사멸한다. 젊고 건강한 적혈구를 만들어, 못 쓰게 된 선수와 교체시키는 것이 뼈이다. 적혈구를 만드는 것은 뼛속의 빈 부분을 차지하는 골수인데, 만약에 그 활동이 약해져, 새로 생기는 적혈구 수가 적어지면 빈혈이 생기고, 심해지면 치명적이 될 수 있다.

외적(外敵)인 세균의 침입에 맞서 목숨을 걸고 싸우는 백혈구를 만드는 것도 골수이며, 혈관의 파탄을 보수하고 혈액의 응고를 담당하는 혈소판도 골수공장에서 밤낮을 가리지 않고 만들어진다.

뼈에는 몸 안에 있는 칼슘과 인 성분의 대부분이 포함되어 있다. 칼슘은 혈액의 응고, 근육의 수축, 심장의 박동, 자율신경계의 활동을 진행시키는 데 필수적인 존재인데, 뼈는 칼슘의 항상성(호메오스타시스)에 의한 출납을 조절하는 은행 역할을 수행한다. 칼슘이 식사에서 섭취되지 않으면, 예금은 하지 않고 은행에 저축한 것을 꺼낼 때처럼 뼈의 칼슘이 줄어 뼈가 연해져서 구부러지기도 한다.

뼈에는 뜻밖에 다수의 혈관이 출입하고 있기 때문에, 혈액과 접촉하고 있는 뼈의 넓이는 막대하다. 이 넓은 넓이에서 조골세포가 뼈의 성분을 빨아들여 골 형성을 진행하는 한편, 파골세포가 낡은 뼈를 파괴하는 작업이 쉴 새 없이 계속되고, 또 새로 흡수된 칼슘이 골 은행에 예금되어 침착되며, 오래전부터 뼈에 붙어 있던 칼슘이 공출되고 회수되는 일이 반복되는 듯싶다.

　방사성의 칼슘이나 인이나 스트론튬이 몸속에 들어가면, 보통의 칼슘이나 인처럼 골 조직 속에 침착하여, 언제까지나 방사능의 해독을 생체에 끼친다.

　"원한이 골수에 사무친다"는 것은 원한이 가장 심각하다는 표현이지만, 핵폭발 실험에 파생하는 스트론튬 따위의 방사성물질은 골조직 속에 들어박혀, 그칠 줄 모르는 인간의 욕망에 대한 원한을 골수를 향해서 계속 하소연하게 되는 것이다.

자가 충전 장치가 달린 전지로 생기는 약동

인공적으로 만들어지는 '운동'

힘살의 에너지

산소가 없어도 근육은 움직인다.

신체의 모든 운동의 근원이 되는 것은 근육 운동이다. 그리고 근육 운동의 근원이 되는 것은 근육의 세포 단위인 근섬유의 수축이다.

근섬유는 너비 50미크론, 길이 5~12cm의 가늘고 긴 세포로 이것이 많이 모여 하나의 근육을 형성한다.

근섬유 중에서 특징적인 것은 근원섬유로, 전자현미경으로 보면 다수 필라멘트의 집합으로 구성되며, 각 필라멘트는 다시 사슬무늬단백질 뭉치로 형성된 것을 알 수 있다. 이 단백질이 액토미오신으로서, 이것이 수축단위이다.

액토미오신에 아데노신삼인산(adenosine triphosphate, ATP로 약칭한다)이라는 화학물질을 가하면, 강한 수축이 일어난다. 액토미오신은 젤리 형태의 물질로서 시험관에 넣을 수 있으므로, 이 수축 작용을 시험관 내에서도 훌륭하게 재현할 수 있다. 생물에서만 볼 수 있다고 여겨졌던 '운동'을 인공적으로 재현할 수 있는 것이다.

근육이라는 엔진에서 사용되는 연료인 ATP에너지는 ATP가 고에너지 인산결합을 하나 떼어내고 ADP라는 물질이 됨으로써 공급된다. 그런데 '타고 남은 찌꺼기'이어야 할 ADP는 크레아틴인산이 공급하는 인산을 얻고 곧 다시 원래의 연료로 부활한다. 결국 크레아틴인산이 있는 동안은 ADP는 곧 ATP로 돌아가서 연료로서의 기능을 계속 유지하게 된다.

그런데 ATP로 액토미오신이 수축하는 것도, ADP가 크레아틴인산 덕분에 ATP로 부활하는 것도, 전혀 산소를 필요로 하지 않는다. 그러면 운동할 때 격렬하게 호흡을 하여, 산소를 왕성하게 들이마시려는 이유는 무엇일까. 실은 근육 내에서 글리코겐이나 포도당을 산소로 태워 에너지를 발생시키는 다른 방법이 있다. 이렇게 산소를 이용한 연소에 의해 발생한 에너지는 ATP라는 형태로 저장되고, 다시 크레아틴인산으로도 저장된다. 여러 가지 일이나 아르바이트를 해서, 결국 화폐라는 형태로 그 성과를 저축해 두었다가, 사회의 여러 가지 기구를 움직이는 데 그 화폐를 사용하는 것과 같다.

결국 근육은 산소가 전혀 없어도, ATP나 크레아틴인산이라는 에너지 예금을 사용해 우선 움직일 수가 있는데, 조만간 포도당 등을 연소시키는 방법으로, 다시 예금해 두어야 한다.

100m 등의 단거리경주에서는 거의 호흡을 하지 않고도 경기를 마칠 수 있지만, 마라톤의 경우에는 그렇지 않다. 한쪽으로는 근육에서 에너지를 만들고 한편으로는 그것을 소비한다는 출납의 평형을 얼마나 잘 유지하느냐가 운동을 오래 계속할 수 있는지의 갈림길이 된다. 정년은 예와 다름없는데, 수명은 길어지기만 한다면 여생이라는 마라톤에도 예금이나 일시금뿐만 아니라 에너지를 생산하는 길도 생각하지 않을 수 없다.

집게손가락이 움직이기까지

근육 없이 생명 없다.
근육의 세 가지 종류
후회막급

오스트리아의 페르디난트 황태자를 향해서 권총의 방아쇠를 당긴, 세르비아의 한 청년의 집게손가락 근육의 움직임이 발칸반도의 한구석에서부터 온 세계로 전화를 확대하여, 마침내 제1차 세계대전을 일으키는 계기가 되었다. 하나의 조그마한 근육의 운동이 850만 명의 전사자와 2,000억 달러란 전비를 낭비하는 결과가 되었다.

생각해 보면, 인간이 일생 동안 무엇을 하든지 간에 근육은 실로 중요한 역할을 수행한다.

모친의 태내에서 성장한 태아가 달이 차서 이 세상에 태어나는 것은, 자궁의 근육이 수축하여 태아를 밖으로 밀어내기 때문이다. 물구나무를

선 채로 먹어도 음식이 위로 보내지는 것은 식도의 근육 작용이며, 벨트컨베이어처럼 소화와 흡수의 발걸음에 맞춰 음식물을 위에서 장으로, 장에서 밖으로 내보내는 것도 위 근육의 힘이다. 공기를 허파에 출입시키고, 콩팥에서 오줌을 적절하게 몸 밖으로 배설할 수 있는 것도 근육의 힘이다. 웃음이나 눈물도 근육의 활동으로 비로소 가능해지며, 심장의 근육 활동이 삶을 가능하게 한다.

몸 안의 근육에는 세 종류가 있다. 하나는 위나 쓸개나 방광에 있는 근육으로 평활근이라고 한다(이 책의 소화기, 비뇨기의 항목을 참조). 다음은 손발을 움직이는 골격근(橫紋筋)으로 자기 마음대로 움직일 수 있다. 세 번째는 심장의 근육으로, 구조상 앞의 두 가지의 중간에 위치한다(이 책의 심장의 항목을 참조).

권총의 방아쇠를 당기는 손가락 운동을 예로 들어 생각해 보자.

우선 대뇌피질에서 방아쇠를 당길 것인가 말 것인가에 대해서 선악이나 이해득실 등을 저울질하면서 고민하게 된다. 그 결과 방아쇠를 당기라는 결정이 내려지면, 좌대뇌반구의 전중심회에 있는 오른쪽 집게손가락의 최고운전사령부인 신경세포에서 명령 신호가 발신된다. 신호는 추체로를 지나, 연수에서 오른쪽으로 전환되고, 오른쪽 척수의 전각세포 부위까지 간다. 거기서 척골신경과 정중신경으로 가는 신경세포에 인계되어 명령은 현장에 전달된다.

집게손가락은 앞뒤에서, 마치 천막의 기둥을 두 개의 밧줄로 잡아당겨 고정하듯이, 횡문근의 건이라는 끈이 서로 잡아당기고 있다. 손가락을 구부리기 위해서는, 구부리는 쪽의 끈이 잡아당겨지는 동시에, 지탱하고 있는 반대쪽 끈은 늦춰져야 한다. 즉 깊고 얕은 지굴근과 충양근이 수축을 일으키고, 고유시지신근과 총지신근이 느슨해지면 집게손가락은 구부러진다. 이렇게 말하면, 손가락을 구부리는 운동에 몹시 복잡한 수속과 시간이 소요되는 것 같은 착각을 느끼지만, 사실은 운동신경 속에서 신호가 전달되는 속도는 1초에 30~120m이며, 근육 속에서 수축의 파동이 퍼지는 속도는 초당 35m이다.

대뇌가 천박한 결정을 하여 운동신경에 명령을 전달하면, 근육은 즉시 실행에 옮겨 '후회막급'의 상황이 되고 만다. 행동으로 옮기기 전에 심사숙고할 필요가 있는 까닭이다.

조물주의 기계공학상의 걸작

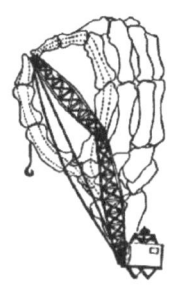

30 이상의 관절과 50 이상의 근육의 연계동작

엄지손가락이 가장 바쁘다.

가운뎃손가락이 가장 세다.

어렸을 적, 그믐 때나 정초에 부엌에서 닭을 요리하면 곧잘 자른 닭다리를 갖고 놀던 일이 생각난다. 자른 자리에 있는 끈 같은 것을 잡아당기면, 발톱이 달린 발가락이 펴졌다 오그라졌다 해서 작은 리모컨[1] 장치가 달린 장난감 같아 퍽 재미있었다. 이 가는 끈이 '건'이다. 인간의 손이나 손가락을 움직이는 근육도 대부분은 전완(아래팔)에 있고, 손가락 끝과는 겉으로만 연결되어 있어서 근육이 오그라들면 건이 잡아당겨져 실로 조종하는 인형처럼 손가락이 움직인다. 만일 근육이 손가락에 직접 달려 있었다면, 지금보다 손가락이 몇 배나 굵어져 서로 부딪혀 도저히 정교하게

---

1 리모트 컨트롤(Remote Control)의 약어. 원격조작을 뜻한다.

움직일 수 없었을 것이다. 손에는 작은 뼈가 빈틈없이 늘어서 있다. 손목에 8개, 손바닥에 5개, 손가락에 14개의 뼈가 있다. 이들 뼈는 각기 고유한 관절면을 가지고 서로 맞물려 있으며, 강인한 인대에 의해 결합되어 있다.

펜을 쥐고 글씨를 쓰는 동작을 생각해 봐도, 엄지손가락과 집게손가락을 주로 사용하면서 손목, 팔, 어깨가 협조해 움직이기 때문에 30 이상의 관절과 50 이상의 근육이 연계되어 이루어진다. 이처럼 섬세한 운동으로 글씨가 쓰이기 때문에, 쓰인 글씨 하나하나에 분명한 개인차가 생긴다. 두 사람이 동일한 필적일 가능성은 68조 회에 한 번밖에 없다고 계산되어 있다. 필적감정이나 승인의 표시로서의 서명(사인)이 유용한 까닭이다.

엄지손가락은 다른 네 손가락과는 관계없이 움직이며, 모든 손가락 중에서 가장 바쁘고 가장 중요한 것이다. 엄지손가락은 다른 어느 손가락과도 마주 보고 잡거나 집거나 비트는 동작이 가능한 독특한 능력이 있기 때문에, 엄지손가락이 건전하고 그 밖의 손가락이 한 개만 있어도 손가락의 기능을 거의 대행할 수 있다. 손에 심한 부상을 입었을 때, 외과 의사는 어떻게든 엄지손가락을 구하려고 한다. 생명보험회사에서도 상해보험 계약을 하면, 엄지손가락과 집게손가락의 손실에 대해서 보험금 전액의 5분의 1을 지불하게 되어 있다. 생명의 5분의 1인 셈이다.

힘이 세기로 말하자면, 보통 가운뎃손가락이 가장 세고, 다음에 집게손가락, 약손가락, 그리고 새끼손가락의 순위가 된다. 운동이 민첩한 것은 집게손가락과 가운뎃손가락이다. 피아노로 트릴을 연주할 때, 그리 잘 치지 못하는 사람일지라도 이 두 손가락만은 빠르고 거침없이 칠 수 있다.

피아노의 대가가 나르는 듯이 빠르게 움직이는 손가락 끝은 1초에 120의 음부, 즉 손가락마다 1초에 12회씩 건반을 두드릴 수 있다고 한다.

　마술 손(Magic Hand)이라는 것이 있는데, 상당히 세밀한 동작을 할 수 있고, 근육의 동작전류의 힘으로 마이크로모터를 운전하는 인공의수가 만들어졌다고 하지만, 인간의 손만큼 강력하고도 완전한 도구를 만드는 것은 기계 공학적인 면에서는 달에 가는 것만큼이나 어려운 일이라고 한다. 더군다나 고전무용에서 볼 수 있는 것 같은 유려한 '정신 내면을 손으로 표현'하는 문제는 인간의 육체가 아니고서는 도저히 불가능한 일이라고 단정할 수 있다.

인간 전체의 대표

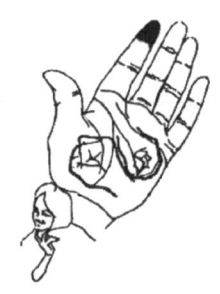

손가락 끝의 파치니소체

만인이 같지 않고 평생 변하지 않는 지문

손금

운전수, 기수, 투수, 포수, 명수 등에서 보듯, 손이 몸 전체를 뜻하는 경우가 대단히 많다. 확실히 손은 작업을 하거나, 예술작품을 만들거나, 수술을 하거나, 감정을 표현하는 등 인간적인 행동의 거의 모든 분야에서 주요한 역할을 수행한다. 어딘가를 몸의 대표로 뽑는다면, 역시 손이나 입이 선택될 것이다.

여러 나라에서 인사의 방법으로 악수를 하는 것은 신뢰, 사랑 및 우정의 표현이며, 주먹을 쥐는 것은 기력이나 결의의 강렬한 표현이다. 지금은 옛이야기가 되었지만, 맞선을 보는 자리에서 신붓감이 돗자리의 보풀을 뜯었다고 하는 이야기는 완전히 수동적인 입장에 선 여성의 할 일 없는 마음의 표현일 것이다.

대뇌피질의 전중심회에는 몸의 각 부분의 운동을 관장하는 최고사령부가 일렬로 줄지어 있다. 마치 내무부 등에 각 도별의 담당이 있어서, 내무부 안에서는 경남 담당과 강원 담당이나 충남 담당이 이웃해서 나란히 있는 것과 한가지이다. 내무부의 방침은 그 담당을 통해 각 도에 전달되어 실행에 옮겨진다.

대뇌전중심회에서 손을 담당하는 사령부의 넓이는 대략 동체 전부에 대한 사령부의 넓이와 비슷하다. 특히 엄지발가락에 대한 사령부는 대략 대퇴, 하퇴와 발 전체에 대한 사령부를 합친 것만큼의 넓이이다. 손이나 손가락의 중요성에 대한 몸으로서의 평가가, 대뇌에서의 사령부의 점유 넓이의 크고 작고에 나타나는 것이다.

손가락 끝이나 손바닥에는 특별한 감각장치가 갖추어져 있다. 특히 손가락에는 우표보다도 좁은 넓이에 수백만 개나 포함되어 있다. 특유한 것은 파치니소체라고 하는 노랗고 달걀 모양의 압력을 감수하는 장치이다. 전신에 있는 파치니소체 총수의 4분의 1에 가까운 수가 손가락과 손바닥에 분포되어 있다. 그중에서도 집게손가락에는 특히 많이 분포해 있어 압력의 느낌에 매우 민감하다. 시각장애인이 점자를 읽는 데 주로 이 손가락을 쓰는 것도 집게손가락이 그 목적에 가장 적합하기 때문이다. 손가락 끝에 있는 피부의 주름 모양이 지문인데, 이것은 모든 사람이 같지 않고 평생 변함이 없는 개인인식표이다. 계산에 따르면 640억 명에 한 명의 비율로 동일한 지문이 나타난다고 하며, 10의 60제곱 회에 1회라는 숫자를 드는 학자도 있다. 도둑이나 강도범을 식별하는 인식표로 활용될 뿐만 아니라, 어떤 종류의 유전성 심장질환이나 특수한 눈이나 정신병 환자를 찾아내는 데도 도움이 되는 것으로 보인다.

인간이 더듬어 갈 운명의 줄거리가 손바닥의 손금이라는 특별한 암호로 이루어져 있다고 믿는 사람들이 있다.

고대 인도에서 시작된 손금에 의한 길흉의 점이나 운명 판단은 그리스, 이집트, 그리고 주(周)시대의 중국을 거쳐 전 세계로 퍼졌다. 길거리에 고색창연한 책을 펴놓고 큰 돋보기를 든 '손금쟁이'에게 진지하게 사정을 털어놓는 사람들은 곤경에서 허덕이는 인생들이다. 중세의 암흑시대에도 손금쟁이가 유행했다.

에너지 은행

낙타의 혹도 지방

팥빵 정도의 탄수화물

지방으로 된 속옷

필요로 하는 양보다도 많은 에너지가 몸속에 섭취되면, 남은 에너지는 지방이라는 형태로 지방조직 내에 저장된다. 사람이 며칠씩이나 식사를 하지 않아도 굶어 죽지 않는 것은 '에너지 은행'에 저장된 지방을 이용할 수 있기 때문이다.

몸의 성분 중 에너지로 전환되기 쉬운 탄수화물의 저장량은 성인 남자의 전신 조직과 체액의 몫을 합해도 80g에 미치지 못한다. 이 양을 칼로리로 환산하면 팥빵 1개분에도 못 미치는 정도이다.

그런데 지방은 몹시 뚱뚱한 사람의 경우 체중의 절반이 될 수도 있으며, 이 정도 양의 지방은 설령 단식하며 물만 마신다 해도 한 달 반 동안 목숨을 유지할 만큼의 칼로리원이 된다. 실제로 곰은 가을에 실컷 먹고 지방을 비축한 뒤 동면에 들어가면 아무것도 먹지 않고도 봄까지 산다. 식량이나 물이 없는 사막을 여행하는 낙타의 혹도 그 속은 거의 순수한 지방이다. 임신, 해산, 육아 등 스스로의 몸뿐 아니라 갓난아기의 몫까지 보살펴야 하는 여성에게는 당연히 상당히 여유 있는 저축이 필요하다. 풍부한 피하지방이 만들어 내는 둥근 곡선의 몸매가 여성다움의 특징이 되어 있는 것은 이 때문이다.

지방을 섭취하면 장에서 분해 흡수된 후, 간단히 몸 안에서 곧 다시 지방으로 합성되는데, 감자, 호박, 단팥죽 따위의 기름기 없는 녹말이나 포도당으로부터도 몸 안에서 지방이 만들어진다. 볼이 빨간 처녀들이 군고구마를 사서 부끄러운 듯이 살짝 소매 속에 감추어 가지고 가는 것도, 애주가들이라면 기절초풍할 단팥죽을 여학생들이 아무렇지도 않게 먹어 치우는 것도 실은 자연의 섭리에 따르는 것이다.

지방조직은 '에너지 은행' 역할 이외에, 거품고무의 패드처럼 외부로부터의 충격에서 혈관이나 신경을 지키는 일을 하며, 신체의 열이 밖으로 도망가지 못하게 하는 단열재의 구실도 한다. 말하자면, 인간은 피부 밑에 또 한 벌의 고급 지방 속옷을 입고 있는 것이다. 겨울에는 따뜻해서 좋지만, 여름에 운동을 해서 몸 안의 온도가 높아지면 더워서 못 견디는 꼴이 된다.

보기에 건강해 보이는 50세의 사람은 앞으로 20년 가까이 살 가능성이 있으나, 몸에 지방이 너무 많아서 뚱뚱한 사람은 통계상 그 가능성이 30퍼센트 정도 낮다고 한다. 뚱뚱한 사람은 무거운 추를 몸속에 넣고 어디를 가든지 가지고 다니는 셈이니, 신체의 여러 장치를 손상시키기 쉽다. 뚱뚱한 사람은 마른 사람에 비해 고혈압에 걸릴 확률이 3배 이상 높고, 심장의 관동맥이 병에 걸리는 비율도 2~3배 높다. 당뇨병에 걸릴 확률은 4~5배 높고, 대수술을 할 때의 위험성도 2배 내지 4배 많다.

과식으로 인해 비만해져 수명을 줄이고 있는 사람은 결국 자기의 이로 자기의 목숨을 갉아먹고 있는 것이다.

10장

세균과의 싸움

믿을 만한 보루와 방위군

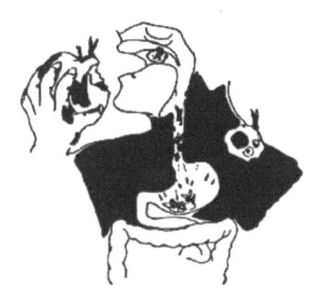

세균 노이로제

어용세균

세균의 '파리잡이 종이'

세균 노이로제 환자가 있다. 외출에서 돌아오면 양치질을 한다. 손을 소독약으로 몇 번이고 씻는다. 남에게 받은 물건은 햇볕에 몇 시간이고 쬐어 소독한 후가 아니면 손을 대지 않는다.

확실히 인간은 세균에 둘러싸여 있다. 손 표면에는 틀림없이 굉장한 수의 화농구균이 붙어 있다. 충분히 끓이지 않는 한 음식물에는 확실히 각종 잡균들이 들어 있을 것이다.

세균으로 둘러싸인 우리가, 특히 소독도 하지 않고 음식을 먹거나 몸을 만지는 것은 목숨을 건 도박처럼 보일지도 모른다. 그러나 어제도 그제도 그랬듯이, 아마 괜찮을 것이라는 막연한 느낌으로 대부분의 사람들은 살고 있다.

입으로 들어온 세균은 우선 타액 속에 포함되어 있는 항균성 성분에게 공격당한다. 음식물에 싸여 삼켜진 세균은 위 속에서 강한 위산을 만나 살균되며, 살아서 장에 도달하는 세균은 극히 드물다.

장 속에서는 여러 가지 소화액이 큰 도끼를 휘두르듯 세균을 쫓아다니고, 장관 내의 림프조직도 세균에게 포착섬멸전을 도전한다. 대장 속에는 대장균과 같은 '어용세균'이 세력권을 형성하고 있어 다른 세균의 번식을 허락하지 않는다.

코로 들어간 세균은 비강 내의 복잡한 길을 지나가는 동안에, 파리잡이 종이에 붙는 파리처럼 붙잡혀 밖으로 압송되며, 곧 둥글게 뭉쳐 코딱지로 만들어진다. 그곳을 어떻게든 통과해 기관에 들어가더라도, 섬모운동으로 운전되고 있는 점액의 벨트컨베이어에 잡혀 바깥으로 내보내져 이윽고 기침으로 입 밖으로 나가버리고 만다. 세균이 피부나 점막의 상처에서 신체 내로 침입하면 어떻게 될까? 조건이 좋은 환경에서는 세균이 증식할 때는 20분마다 쥐가 번식하듯이 급속히 늘어나기 때문에, 7시간 이내에 100만 마리로 늘고, 다음 날에는 몇천조로 늘어난다.

그러나 신체는 그렇게 세균이 마음대로 늘어나게 내버려두지 않는다. 우선 세균이 침입한 곳에서는 염증이라는 전투가 벌어지고, 아군의 유격부대인 백혈구가 세균의 교두보를 향해서 쳐들어간다. 백혈구는 침입한 세균에 슬슬 접근하여, 젤리와 같은 자기 몸을 세균 주위에 뻗쳐 세균을 포위한다. 그러는 동안에 백혈구의 몸에 구멍이 뚫려 자기 몸속에 세균을 잡아넣고 만다. 만약에 백혈구가 세균과의 싸움에서 고전하면, 거식세포라는 대형세포가 출동해서 세균을 잡아넣은 백혈구째 먹어버리고 만다. 싸움이 일단락되면 백혈구도 거식세포도 세균 조각도 모두 림프계의 수로에 유출되어, 그곳을 흘러가는 동안에 쓰레기 처리를 해주는 림프조직에 잡혀 처리되고 만다.

신체에는 지금의 국제정세와 마찬가지로 외환이 그치지 않지만, 외적을 막는 견고한 보루와 용감한 군대가 있다. 세균 노이로제 환자 여러분! 아군을 믿으라. 그러면 구원받을지니라.

자연치유력의 거물

동물의 종류에 따라서 옮지 않는 전염병

항체의 활동

독소

　홍역이나 성홍열은 한 번 걸렸다 나으면 두 번 다시 걸리지 않는다. 이처럼 감염하는 병에서 면제되어 있는 상태를 '면역'이라고 한다. 적리균이나 임균과 같은 인간의 전염병균을 아무리 개나 고양이에게 옮기려고 해도 결코 옮지 않는다.

　동물의 종류나 종족에 따라 태어났을 때부터 어떤 감염증에서 면제되어 있는 경우를 자연면역이라고 한다. 이에 반해 한 번 병에 걸렸거나 예방접종을 받았기 때문에 두 번 다시 그 병에 걸리지 않는 형태의 면역을 획득면역이라고 한다. 같은 감염증에 다시 걸리지 않게 되는 것은 주로 몸 안에서 산생되는 항체의 활동에 의한다. 예를 들면 성홍열에 걸렸다 하자.

맨 먼저 성홍열의 병원균인 용혈성연쇄구균(溶連菌)이 침입했을 때, 신체의 방위기지에 있는 항체제조공장은 아직 그 병원균에 맞는 항체의 제조방법을 모른다. 어쨌든 항체는 균과 할부로 맞춘 것처럼 딱 들어맞아야 하므로, 새로 침입한 균이 있을 때마다 생체는 그것에 맞는 항체의 제조법을 배워야 한다. 이 때문에 며칠의 시간이 필요하다. 그사이에 세균은 크게 세력을 뻗쳐 만연하고, 병세는 악화된다. 그러나 항체의 제조가 궤도에 올라 계속 만들어져 혈액이나 체액 속으로 보내지면, 항체는 용련균을 향해 돌진하여 균에 '공격목표물'이란 표지를 붙인다. 전시에 아군의 스파이가 적지에 잠행해서, 적의 중요군사시설에 표지를 달아 폭격을 효과적으로 수행하게 했다는 이야기와 같게 말이다. 그렇게 하면 신체의 방위군은 백혈구며 거식세포를 동원해서 표지가 달린 세균이나 이물을 마구 먹어 치워 토벌해 버린다. 따라서 충분한 양의 항체가 생산되고 백혈구의 전력이 쇠퇴하지 않는다면 얼마 안 가서 병균은 완전히 소멸되고 만다.

한 번 생체가 항체의 제조방법을 기억해 버리면, 같은 세균이 다시 침입해 왔을 때는, 항체 생산은 훨씬 신속하게 시작되며 생산량도 많고, 그 속도도 빨라진다.

수천수만의 세균이 교두보를 확보하려고 다시 침입해 오면 생체는 몇 시간 이내에 항체를 자꾸 증산하고, 백혈구가 세균을 닥치는 대로 정복해 버려 감염이 발생했다는 느낌이 들기 전에 싸움은 끝나버린다.

디프테리아균이나 파상풍균 따위는 균체 밖으로 독소를 내뿜어 인간에게 해독을 끼친다. 생체는 이 독소에 대해서도 항체를 만들어 독소에 지지 않는 면역이 이루어지게 한다.

갓난아기는 생후 2~3주까지는 거의 항체를 만드는 힘을 갖지 못한다. 태어나기 전에 어머니에게서 받은 항체와 어머니 젖 속에서 나오는 항체에 의해 몸을 보호받는다.

면역이라는 영어, 프랑스어, 독일어의 의학용어는 라틴어 임무니투스(immunitus)에서 유래한 것이다. 이 낱말은 국가가 부과하는 세금이나 부역에서 면제된다는 뜻을 가지고 있다. 그것이 근세에 와서 "재앙을 면한다"는 뜻에서, '병을 면한다'는 뜻으로 사용되게 된 것이다. 병과 세금은 '두 가지의 커다란 재액'이라는 뜻일까?

양동작전에 쓰이는 '희생부대'

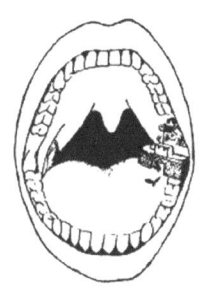

혹사당하는 인두
재채기로 시속 320km의 공기가
세균을 유인하는 왈다이어의 고리

입을 크게 벌려 목구멍 안쪽을 들여다보면, 입천장 가운데 매달린 구개수를 중심으로 부드러운 방장처럼 쳐진 연구개가 보인다. 이 연구개의 소매에 해당하는 평평하고 타원형으로 부풀어 오른 곳이 구개편도이다.

편도선에는 이 밖에 설근부에 설근편도가 있고, 인두의 천장에는 인두편도가 있어 인두를 요새처럼 둘러싸고 있다.

대체로 인두조직은 평소에도 몹시 혹사당하고 있다. 60℃의 뜨거운 홍차에서 0℃의 아이스크림에 이르기까지 사정없이 집어넣어진다. 평상시 호흡 때에 시속 16km, 재채기나 기침 때는 시속 320km의 속도로, 하루에 총 1만 1,500ℓ 정도의 공기가 출입하고, 그 공기를 타고 먼지나 유독가스가 들어온다. 도시의 공기 속에 들어 있는 매연이나 자동차 배기가스에다, 담배의 니코틴이나 타르까지 빨아들인다. 인두에 있는 수십 쌍이나 되는 근육의 복잡한 협동운동인 '연하' 동작은 하루에 3,000번 이상이나 반복되며, 매일 2만 5,000개 이상의 낱말을 구음하기 위해 속사포처럼 빨리 근육의 수축이 반복된다.

이처럼 과로를 강요당하고, 유독물질과의 접촉을 피할 수 없는 인두 입구에는 식도와 기관의 문지기 역할을 하는 편도가 요새처럼 자리 잡고 있어야 할 것이다. 이 요새는 발견자의 이름을 따서 '왈다이어의 고리'라고 명명되었다.

군사목적의 요새는 적을 접근하지 못하게 하는 것이 그 임무로서 장비를 극비로 하고, 살기가 충만해 있지만, 왈다이어의 고리는 오히려 거꾸로 세균이 침입할 수 있는 허점을 보여 유인한다. 세균이 쳐들어와 편도에 침투하면 대기 중이던 방위군의 백혈구를 동원해서, 대개는 적을 압도적으로 섬멸해 버린다. 이 전투의 성과로 인체는 감염균에 대한 항체, 즉 저항성을 얻게 된다. 항체는 죽은 세균의 균체 속의 성분이나 세균이 내뿜는 독소가 직접 생체 속에 들어오지 않으면 제조할 수 없으므로, 이러한 반간고육지책이 쓰인다. 즉 편도선은 양동작전에 쓰이는 희생부대라고 할 수 있으며, 인체는 편도라고 하는 장치로 천연의 백신 접종을 하는 셈이다.

세균과의 전투 경험이 적은 어린이일수록 빈번히 편도가 싸움터가 되며, 싸움의 신산을 겪게 되는 셈인데, 이러한 싸움에서 승리를 쌓아가면 저항력이 강한 어른으로 성장하게 되는 것이다.

그러나 괴로움을 당하는 것은 편도이다. 양동작전에서 훌륭히 싸운다 해도 적군인 세균 쪽이 훨씬 강할 때가 흔히 있다. 전선이 교착상태에 빠지면 아군은 전력이 되는 혈액을 자꾸 보급하여 전황의 개선에 노력하기 때문에 편도는 크게 부풀어 오르게 된다. 그렇게 되면 '편도선비대'라는 오명을 쓰고 절제되기도 한다.

신주라고 하던 일본도 패전의 쓴잔을 마셨다. 걱정되는 것은 '패전의 단맛'을 맛본 패생한 놈이 전쟁을 얕보는 것, 그리고 또 전범이라는 낙인이 찍힌 사람들 가운데에 편도처럼 고전감투 끝에 박정하게도 희생된 사람들이 섞여 있지 않았는가 하는 것이다.

11장

피로

가장 보수적인 관리기구

생명은 태고의 바닷속에서
체중의 70퍼센트는 물
마시기 경쟁, 먹기 시합

지구가 생긴 지 현재까지의 50억 년의 역사 가운데, 30억 년은 무생물의 시대였다. 화산에서 뿜어내는 황화수소며, 질소와 메탄가스를 포함하는 두꺼운 구름이 지구의 표면을 싸고, 벌겋게 탄 용암이며 습곡에 의해서 생긴 높고 험준한 산들은 아주 조용하기만 했다.

대기 속에 생긴 유기물질은 비와 함께 원시의 바다에 흘러 들어가, 유기물의 농도가 높아짐에 따라 갖가지 화학반응이 일어난다. 그리고 서서히 고분자의 것이 생겨, 드디어 태고의 바닷속에서 원시적인 핵산과 단백질이 생성된다. '어머니인 바다'에 떠 있는 핵산과 단백질의 극히 작은 물방울에서 뜻밖에도 '생명'이 탄생한다. 혈액이 바닷물의 성분과 퍽 흡사하다는 점이나, 계통발생의 과정을 밟아 크는 인간의 태아가 양수 속에 잠겨 있는 것 등은 원시의 바다에서 자란 생명을 연상시킨다.

물이 완충작용을 하기 때문에, 바닷속에서 살면 대기가 갑자기 더워지거나 추워져도 영향이 적으며, 독이 들어와도 주위의 많은 물이 희석시켜 주므로 악영향을 받지 않는다. 설령 강력한 방사선이 내리쬐더라도, 1m 정도의 물의 층에 거의 흡수되어 깊은 곳에는 미치지 않는다. 이와 같이 생물이 바닷속에 사는 동안은 물이 생활환경의 변동에서 생명을 보호해 주기 때문에, 내부환경 보전을 위한 복잡한 장치는 필요하지 않았다. 그런데 원시 바다에 엽록소를 가진 수조류가 발생하여 대기 속의 산소함량이 증가하는 한편, 산소의 상층에 생긴 오존층이 지상에 내리쬐던 자외선의 세기를 약화시키자 생물은 물에서 뭍으로 올라오려고 했다.

생물이 육지로 올라오면, 급격한 기온 변화나 비바람 등 불안정한 기상상태에 직면하게 된다. 그래서 생명체는 대량의 물을 신체 안에 가짐으로써 바닷물 속에서 살던 때와 같은 안정된 내부환경을 얻으려 한 것이다. 인간의 몸에는 체중의 70퍼센트에 해당하는 대량의 물이 함유되어 있으며, 실제로 이것이 가장 보수적으로 체내의 환경을 일정하게 유지해 준다.

생명을 둘러싸는 체내의 환경을 외계의 변화에 의한 영향으로부터 보호하려는 경향을 호메오스타시스라고 부른다. 물을 가지고 육지에 올라온 생물은 다시 호메오스타시스에 의해 내부환경의 항상성을 유지하는 것이다.

체온이 사계절을 통해서 항상 일정하게 유지되는 것도, 혈액의 분량이나 혈액 속의 염분이나 당분 등의 성분의 농도가 놀랄 만큼 정밀하게 일정하게 유지되는 것도 이 호메오스타시스의 여러 반응에 의해 비로소 가능하게 된다.

    예전에 흔히 있었던 마시기 경쟁, 먹기 경쟁 등의 시합은 다름 아닌 각자가 가지고 있는 호메오스타시스 능력의 경쟁이다. 신체는 인공으로 만든 어떠한 정밀한 기계보다도 더 정교하게 조절되고 운전되고 있다는 것을 잊어버리고, 마치 밥통을 싸는 자루 정도로 생각하니까, 이러한 무모한 행동을 했던 모양이다.

피로곤비 일보 전의 붉은 신호

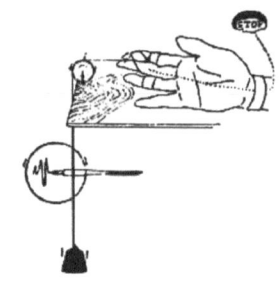

더 이상 움직일 수 없을 때까지 힘을 낼 수 있다.

근육 자체가 완전히 피로한 것은 아니다.

대뇌로부터의 피로 신호

    손바닥을 위로 향한 위치로 전완을 두 곳에 고정하고, 집게손가락과 약손가락도 움직이지 않게 하고, 가운뎃손가락에 기다란 실을 맨다. 실의 다른 끝은 자유롭게 도는 활차를 통해 매달아 놓은 무게 3kg의 추에 연결한다. 이 실의 중간에 펜을 달아, 일정 속도로 도는 원통의 종이 위에 가운뎃손가락의 굴신운동의 모양이 기록되도록 한다.

    손가락을 구부리면 종이 위에 뾰족한 산이 그려지고, 손가락을 펴면 산의 봉우리에서 추가 가장 내려온 위치를 보이는 기선까지 되돌아간다. 2초마다 울리는 메트로놈 소리에 맞춰 가운뎃손가락을 되도록 세게 구부렸다 폈다 하는 운동을 반복하면, 그때마다 뾰족한 봉우리가 기록된다.

19세기 말 북부 이탈리아의 토리노대학교의 생리학 교수인 모소(Mosso)가 고안한 에르고그래프라는 피로측정장치이다.

처음에 손가락이 피로하지 않은 동안은 커다랗게 손가락을 구부릴 수 있기 때문에 높은 산이 그려지나, 점점 피로해짐에 따라 산은 낮아지고, 드디어 움직이지 못하게 된다.

당시 모소 교수 연구실에는 마지오라와 아도우코라는 두 명의 청년이 있었다. 두 사람 모두 28세였고, 체격, 음식, 생활양식에도 큰 차이가 없었다. 그런데 에르고그래프에 의한 검사에서는 언제나 분명히 다른 그림이 그려졌다. 마지오라의 곡선은 1회의 굴곡마다 산의 높이가 자꾸 낮아져 갔는데, 아도우코 쪽은 굴곡을 40회 가까이 반복할 때까지 산의 높이가 크게 낮아지지 않았다. 결국 폭죽처럼 급속히 힘이 빠져가는 유형과 더 이상 움직이지 못할 때까지 힘을 낼 수 있는 유형이 있는 것이다.

오른손의 가운뎃손가락이 완전히 피로해서 움직이지 못하게 되었을 때, 왼손의 가운뎃손가락의 힘을 조사해 보니까 왼쪽은 힘이 약해져 있지 않았거나, 때로는 오히려 힘이 강해져 있었다. 그러므로 신체 일부 근육의 피로는 전신의 피로와는 다르다고 생각해야 한다.

피로해서 움직이지 못하게 된 가운뎃손가락에 직접 약한 전류를 보내서 근육 자체를 자극하면, 다시 상당한 시간 동안 손가락이 움직이는 것을 볼 때, 근육 자체가 완전히 피로해서 움직이지 못하는 것은 아니다.

가볍게 무언가를 생각하게 하면서, 또는 책 따위를 읽게 하면서 에르고그래프를 그리게 하면, 보통보다도 긴 시간 동안 손가락을 놀릴 수 있다. 또 가운뎃손가락이 피로해서 움직이지 못하게 되었을 때 최면술을 걸면, 다시금 움직이게 되는 것을 보아도 대뇌의 활동이 이러한 종류의 피로와 커다란 관계가 있음을 알 수 있다.

결국 근육이 완전히 힘을 다 빼서, 암만해도 움직이지 못하게 되기 전에, 대뇌가 피로라는 붉은 신호를 내고, 그 신호에 따라 근육은 상당한 여력을 남긴 채 멈춰버리는 것 같다.

고용자였던 사람이 경영자가 되자, 이전의 몇 배나 일하고도 피로를 느끼지 않는다는 이야기를 듣는데, 사물을 생각하는 대뇌가 피로라는 붉은 신호를 어디쯤에 둘 것인가를 결정하는 것 같다.

의욕에 의해 날아가 버리는 파업지령

이젠 끝이라는 느낌

노동의 능률을 올리는 임금인상

사명감이나 정열의 역할

피로해서 움직이지 않게 된 근육을 조사해 보면, 근육이 완전히 힘을 다 뺐기 때문에 움직일 수 없는 것이 아니라 대뇌에서 느끼는 피로라는 감각 때문에, 여력을 남긴 채 움직이지 못하게 된 상태이다. 정작 궁지에 몰려 꼼짝달싹도 못 하게 되기 전에 대우개선 쟁의를 시작하여, 마침내 노조의 중앙조직이 파업을 지령해서 움직임을 멈추게 해버리는 꼴이다.

근육이 피로하다는 느낌은 아프다, 뜨겁다, 차다는 느낌의 정보가 지나가는 길, 즉 척수-시상을 지나 대뇌피질의 후중심 회전에 도달해서 생기는 감각이다.

마치 에르고그래프의 테스트에서 더 이상 가운뎃손가락을 움직일 수 없다는 시기가 오듯이, 소풍 뒤나 마라톤을 한 후에는 전신이 피로해서 그 이상 몸을 움직일 수 없다는 느낌이 든다. 전신피로라는 것이다. 전신피로라고 해도 소풍이나 마라톤이라면 하지의 근육 자체에 분명히 피로한 느낌이 있으며, 근육이 피로하면 나타나는 젖산이 혈액 속에 늘든지, 근육의 에너지원이 되는 성분이 준다든지, 호메오스타시스가 일그러진다. 예를 들면 젖산을 가늠으로 삼으면, 그것이 혈액 100mℓ 속에 100mg보다 많아질 때쯤에 전신피로가 나타난다.

평소에는 철봉에 50초밖에 매달리지 못하는 사람에게 최면을 걸었더니, 70초 동안 매달릴 수 있었다. 더욱이 세 번째에는 앞선 두 기록보다 좋은 기록이 나오면 5달러를 주겠다고 약속한 것만으로 2분이나 매달릴 수 있게 되었다고 슈와브 박사는 보고하고 있다.

피로를 느끼지 않고 노동의 능률을 올리기 위한 두 번째로 유효한 방법은 임금을 올리는 일이라는 것이 미국의 어느 자동차회사의 조사 결과로 나타났다. 슈와브 박사의 예와 마찬가지로, 전신피로의 발생 양상은 그 일이 개인에게 얼마나 가치 있는 일인가에 대한 그 판단에 의해 강하게 영향을 받는 것으로 보인다.

어떤 직업이 정열을 쏟을만한 가치가 있다거나, 경제적으로 좋다고 판단하는 것은 대뇌의 신피질의 역할이다. 그 판단에 따라 의욕을 불러일으키는 기능은 대뇌변연계가 맡고 있다. 의욕이 고취되면 될수록 전신피로라는 '몸의 정지신호'는 점점 더 소모의 극에 가까운 위치에 세워진다.

그런데 더 이상 버틸 수 없을 때까지 피로를 느끼지 않게 하는 수단으로 첫 번째로 유효한 방법은, 같은 자동차회사의 조사 결과에 따르면 그 일에 사명감을 느끼게 하거나, 재미를 발견하게 하여, 일에 정열을 쏟을 수 있게 이끄는 것이었다고 한다. 정열에 불타 대뇌변연계의 활동 수준이 높아지면 피로라는 의욕의 상실이 생기기 어려워진다.

현상을 타개하려 하지 않고 그저 불만만 느끼는 사람들이나, 타인을 부러워하기만 하는 야심가들은 언제나 피로와 이웃하며 살아가는 사람들이라고 할 수 있다.

12장

발육과 노화

별처럼 많은 수에서 뽑힌 우승자

인간의 알의 지름

갓난아기의 난소

한 조 5억 마리의 정자

화석으로 된 공룡 프로토케라톱스의 알은 길이가 약 20cm이며, 현재 살아 있는 타조의 알도 15~16cm는 된다. 참새의 알조차도 엄지손가락의 머리 정도의 크기는 되는데, 만물의 영장인 인간의 알은 지름 0.25mm로서 육안으로 간신히 보일 정도의 크기밖에 안 된다.

고래나 코끼리처럼 몸집이 큰 포유동물도 알은 인간의 알과 대략 같은 크기로서, 약 200만 개로 큰 숟갈 하나 정도의 부피이다. 그러나 이래도 인간의 몸 안에서는 가장 큰 세포인 것이다.

인간의 알은 닭의 알처럼 껍질을 뒤집어쓰지 않았으며, 다소 딱딱한 정도의 경도로서 공 모양을 하고 있다. 막 탄생한 여자아기의 난소 속에는 이미 엄청난 수의 알이 난포막의 주머니에 싸여 들어 있다.

눈 녹은 물이 흘러 내려가고, 습지대에 물파초가 흰 꽃을 피우면 북국의 봄의 막이 오르게 되는데, 여체의 봄은 난소에서 알이 성숙하기 시작하여 초경이 찾아오는 것으로 알 수 있다. 난소 속의 알 한 개에 돌연 다음 달에 성숙하라는 특명이 내려진다. 그때까지 가만히 잠자듯 조용하게 있던 알이 갑자기 커지기 시작하고, 알을 감싸고 있던 난포막도 속에 고이는 액체의 증가에 따라 급속히 커진다. 발육이 시작되어 10일쯤 지나면, 난포는 비닐주머니에 물을 넣은 것 같은 모습이 되고, 유리구슬 정도의 크기가 되어 난소 표면에 나타난다. 마침내 난포는 터지고 속의 알은 복강 안으로 떨어진다.

해저의 바위에 부착된 해초가 너울거리듯이, 난소의 표면을 천천히 어루만지고 있는 난관채라는 장치가 이 떨어진 알을 주워 올려, 난관(흔히 나팔관이라고 한다) 속으로 들여보낸다. 쭉 뻗어 있는 기다란 무대 위를 멋을 부리며 걸어가는 패션모델처럼 알은 난관 속을 천천히 내려간다. 한 조 5억 마리의 정자가 이 알을 목표로 결사적으로 마라톤을 해서 뛰어 올라온다. 그러나 그 코스는 여간 어려운 길이 아니어서, 선수의 3분의 1은 자궁에 도착하기도 전에 낙오해 버리고 만다. 백설공주 이야기처럼 제일 먼저 들이닥친 정자가 공주님에게 장가든다.

난소 속에는 각가지 성숙단계에 있는 약 30만 개의 난포가 웅성대고 있다. 그러나 모체는 초경에서 폐경까지의 30년 동안 한 달에 한 개, 합계 400개의 알밖에 기를 수 없다. 따라서 30만 개의 알 가운데서 400개를 뽑는 어려운 경쟁선발이 실시된다. 이와 같이 엄격히 선발된 알과 5억 마리의 정자 가운데서 뽑힌 가장 우수한 한 마리가 합체해 수정이 이루어지고, 한 사람의 인간의 탄생이 준비된다. 이 천문학적 숫자의 콘테스트에 합격한 인간의 알과, 아베베 선수를 능가하는 끈기와 힘이 증명된 정자가 합체되어 태어나는 태아는 승리와 영광에 싸여 있을 것이다. 패배와 오욕은 태아가 이 세상에 태어난 후에 오로지 인위적으로 가해지는 것에 속한다.

암흑 속의 건설

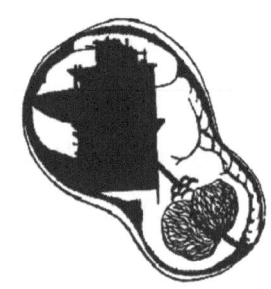

수정란의 도시락
4주째에 꼬리
생물진화의 길을 더듬는다.

0.2mm 정도의 인간의 알에 그 100분의 1의 지름밖에 안 되는 작은 정자의 머리가 충돌하면, 알은 분열하여 발육을 시작한다. 알의 핵과 정자의 머릿속에 있는 염색체가 합체해서 치밀한 설계도가 만들어지고, 그 설계도에 따라 발육이라는 건설의 대사업이 진행된다. 이 설계도의 정밀함은 실로 신기할 정도로, 빌딩의 건축에 비유하자면 초고층 빌딩의 창틀의 나사 하나하나까지 세밀한 방법·순서도면이 달려 있을 뿐 아니라, 그 빌딩이 낡아지면 어떤 모양으로 변해가느냐 하는 것까지 결정되어 있다. 늙어서 백발이 되는가, 머리가 벗어지는가, 동맥경화를 일으키기 쉬운가, 살이 찌기 쉬운가 등까지, 마치 염라대왕의 수정(水晶)알을 미리 보고 그린

것처럼 설계도의 내용이 극히 상세하게 그려져 있다.

난관(나팔관) 속에서 수정한 알은 약 1주일간 여행하여 천천히 자궁으로 내려간다. 수정란의 이 여행은 생각보다 여유롭지 않다. 수정란이 가지고 있는 '도시락'은 보통 8일분밖에 안 되기 때문이다. '도시락'을 모두 먹어버리기 전에 자궁에 도착해 착상하고 그때부터는 자궁으로부터 영양을 공급받아야 한다.

자궁에 도착하기 전에 수정란이 여행을 중지하고, 거기서 자리를 잡고 발육을 시작하면 자궁외임신이라는 큰 변이 생긴다.

수정 후 3주일이 지나서야 비로소 육안으로 볼 수 있는 기관이 나타난다. 이것은 두꺼운 부위가 두 곳 부풀어 오른 형태로, 발육해서 후에 뇌가 된다. 4주째가 되면 꼬리가 생긴다. 단 이 꼬리는 원숭이나 쥐처럼 가느다란 꼬리가 아니다. 폭이 넓고 근육도 붙어 있어 오히려 힘찬 물고기의 꼬리에 가까운 형태이다. 이 시기에는 목구멍이 될 부위에 물고기의 아가미에 해당하는 갈라진 틈이 생기고, 그 주위의 혈관과 지지조직도 아가미 구조와 흡사하다. 심장과 배설강까지도 물고기류와 비슷한 모습으로 되어간다. 그러나 임신 2개월을 경과할 때쯤에는, 꼬리 주위의 볼기 부분이 성장해서 꼬리를 싸게 되어, 점점 물고기다운 모습은 사라진다. 그리하여 주마등처럼 고대로부터 인류가 더듬어 온 생물진화의 과정을 지나 어지러울 정도로 모습이 바뀌어 얼마 후에 틀림없는 인간의 자태가 분명히 나타난다.

임신 5주째가 끝날 무렵, 태아는 약 5mm 정도의 크기로 자란다. 이 시기에는 고동치는 심장, 명백한 신경계, 조그마한 손발의 싹트임, 커다란 눈, 콩팥의 원기, 길어져 가는 소화관, 이 형성되며, 놀랍게도 자신의 다음 세대를 짊어지기 위한 세포의 덩어리조차도 이미 준비된다.

  이 무렵 임부에게 입덧이 생기든지 하면, 바깥세상에서도 배 속의 일을 조금씩 알기 시작한다. 그리하여 어깨의 짐이라도 내려놓듯이 간단한 기분으로 이 세기의 건축에 정지를 걸려고 하는 등의 하느님을 두려워 않는 상담이 나오기도 한다. 천지자연의 운행 그대로 착실하고 또한 정연하게 이루어지고 있는 훌륭한 건축을 생각하면, 도저히 이 건축계약을 도중에 폐기하는 따위의 행동을 감히 할 수 없을 터인데…….

전기부품에 배선되는 시기

4등신에서 8등신으로

단두화 현상

갓난아기의 뇌는 부품 키트

인간의 뇌는 '어른'이 되면 태어났을 때보다 약 4배의 무게가 되는데, 체중은 갓난아기 때의 평균 22배까지 증가한다. 그런데 침팬지나 고릴라의 경우, 갓난 새끼 때 인간의 뇌의 3분의 1밖에 안 되며, '어른'이 되어서도 기껏해야 3배 정도밖에 늘지 않는다. 그러나 체중은 태어났을 때의 40배에서 60배까지 증가한다. 대체로 어린 동물은 동체에 비해 머리가 크고 손발이 짧다. 성장함에 따라 손발이 길어지고, 머리에 비해 동체가 크게 발육하여 '어른다운' 몸의 균형을 갖추게 된다.

막 태어난 인간의 갓난아기는 4등신이지만, 2세에 5등신, 6세에 6등신, 12세에 7등신이 되고, 점점 성숙함에 따라 8등신에 가까워진다. 그러나 인간의 갓난아기는 머리가 월등하게 크기 때문에 나이가 들어도 유인원만큼 '어른다운' 몸의 균형이 안잡힌다.

14세기 초두에 르네상스 초기의 화가들은 머리가 작은 아이를 즐겨 그렸다. 당시의 「마돈나와 어린 크리스트」라는 제목의 그림은 아이의 머리가 너무 작게 그려져 있어 '마돈나와 몹시 작은 사나이'라는 인상을 주곤 했다.

인류는 진화함에 따라 상투가 어울리는 긴 얼굴에서 리젠트 스타일이 어울리는 옆으로 넓고, 짧은 얼굴로 변해간다는 설이 있다. 단두화 현상이라는 것인데, 7등신이 많은 일본 민족에게도 이 소두거체화의 경향이 생기고 있다고 한다.

소나 말이라도 갓 태어났을 때는 인간의 갓난아기보다 훨씬 낫다. 송아지나 망아지는 태어난 지 얼마 되지 않아 가느다란 다리로 디디고 일어서서 걷기 시작한다. 갓 태어난 인간의 뇌는 거의 '어른' 침팬지나 고릴라의 뇌 무게와 같음에도 불구하고 생후 1년 동안은 인간의 갓난아기가 사물을 배우는 속도는 침팬지의 갓난 새끼보다 더디다. 뇌나 척수에 포함되는 단백질 속의 뇌세포의 수는 갓난아기와 '어른' 사이에 거의 차이가 없지만 '백질', 즉 세포와 세포 사이의 연결인 갓난아기에게는 거의 불완전하다.

갓난아기의 뇌는 라디오나 TV의 캐비닛 속에 진공관이나 트랜지스터, 트랜스 따위의 여러 부품이 어른 수준으로 갖추어져 들어가 있지만, 배선이 되어 있지 않는 상태와 같다. 즉 머리만 큰 인간 갓난아기의 뇌는 부분품을 늘어놓은 것뿐인 조립용 '부품 키트'와 같다. 그리하여 그 무게와 생후 1년 이후부터 나타나는 눈부신 지적 발달을 보건대, 확실히 인간의 갓난아기의 '부품 키트'에는 우량부품이 많이 들어 있어서 배선만 완료하면 소나 말은 물론, 유인원조차 훨씬 미치지 못하는 우수한 기계가 탄생할 바탕을 가지고 있는 것이다.

그리하여 이들 부품을 조립하고 배선하여 뇌로서의 기능을 차례차례로 끌어내는 것이 교육이며 예의범절을 가르치는 일이다. 가장 중요한 부품의 배선이 이루어지는 유아기, 아동기의 교육이 완성된 기계의 성능에 지대한 영향을 끼친다는 것이 쉽게 이해된다.

어른에의 팡파르

성장기의 굉장한 탐욕

뼈 없는 시대

중학 3년간이 어른에의 전기

　유아기에서 유아 전기에 걸쳐 눈부신 성장을 이룬 뒤, 6세에서 12세까지의 아동기에는 일정하고 안정된 성장이 계속된다. 사춘기가 가까워지면 개화를 앞둔 식물이 한층 더 '키'가 크듯 다시금 비약적인 발육이 시작된다. 가장 눈에 띄는 성장을 할 때는 일반적으로 말해서, 신장에서는 남자 14세, 여자 11세이고, 체중과 흉위는 남자 14세, 여자 13세의 1년 동안이다. 이러한 성장을 유지하기 위해 아이들은 굉장한 식욕을 보이며, 보통 어른보다 1.5배에서 1.8배나 되는 칼로리를 섭취한다.

　사춘기를 맞이해서 모든 장기나 조직이 현저히 성장하는데, 그 성장의 보조가 균일하게 일치하지 않으므로, 각 장기와 조직 사이의 균형이 깨지기 쉽고, 사춘기에 특유한 불안정을 초래하게 된다. 골격이나 근육의 성장에도 불균형이 생기면서 손끝이나 몸의 동작이 어딘지 모르게 서투르게 되고, 독일에서 '뼈 없는 시대'라고 하는 시기가 찾아온다. 사춘기 청소년은 자꾸 성장하는 몸에 비해 심장이 펌프로서의 능력 증진이 불충분하여, 심계항진이나 어지러움, 두통이나 노곤함(권태감) 따위의 증세가 나타나기 쉽다.

한편으로는 급격히 활동하기 시작하는 성호르몬의 자극으로 '어른'의 모습이 점차 나타난다. 2차 성징이 시작되는 것이다. 남자는 아래턱이 모가 나고, 콧마루가 높아지며, 둥근 아이 얼굴에서 가늘고 긴, 음양이 깊은 얼굴로 바뀌어 간다. 엷은 수염이 나고 온몸의 체모(體毛)가 진해진다. 그러는 동안에 '변성기'가 나타나 아이에서 '어른'으로의 탈피의 명백한 증표가 된다. 여자는 유방이 발달하고 골반이 넓어지며, 피하지방이 증가해서 몸 전체에 부드러운 곡선미가 나타난다. 그리하여 초경이 어른으로의 탈바꿈의 팡파르가 된다.

중학교에 입학할 때의 소년소녀의 약 80퍼센트(남자 90퍼센트, 여자 70퍼센트)는 아직 아이의 몸이지만, 3년 지나서 중학교를 마칠 때에는 약 80퍼센트(남자 70퍼센트, 여자 90퍼센트)는 성적 성숙이 시작된다. 즉 중학교 3년 동안에 아이들의 대부분이 아이에서 '어른'으로의 중대한 전환기를 맞이하는 것이다.

사춘기에 들어선 아이들은 희미한 빛 속에서 무언가 찾아올 것을 예감하며 손으로 더듬는 동안에 '무언가 빠져 있는 느낌'을 강하게 느끼기 시작한다. 그리하여 그 이유도 해결방법도 모르는 채 사춘기 특유의 생활 기분, 즉 들떠서 떠들다가도 급전직하로 갑자기 기분이 좋지 않고 침묵에 빠진다든가, 밝고 고분고분하다가도 갑자기 어두운 반항적 자기주장을 하여 침착하지 못하게 안절부절못하는가 하면, 나른한 게으름에 지배되는, 그런 분위기가 조성된다.

'어른'의 형태를 한 몸의 내부에, 마치 달걀을 겹쳐놓은 것 같은 불안정한 상태에서, 상처받기 쉬운 마음을 싸고 있는 것이 사춘기를 맞이한 아이들의 모습이다. 이와 같은 아이들이 명실공히 안정된 '어른'이 되기까지는 봄의 화초에 내리쬐듯 따뜻한 자애의 손길과 맑고 깨끗한 공기가 꼭 필요하다.

인생의 황혼

수확을 즐길 시기

늙은 말에 채찍질해서라도

40세경에 가장 무거워지는 것

갱년기라는 의학용어는 사다리의 가로대라는 뜻의 그리스어에서 유래한다. 그리스 시대의 점성가들은 인생의 액년이 7년마다 나타난다고 믿었다. 같은 간격으로 7년째마다 놓인 가로대를 밟으면서 사다리를 올라가는 것 같은 것이 인생이며, 그 가로대에 해당하는 7년째마다 인간은 생명의 위험에 노출된다고 생각했던 것이다. 이 사고방식에 따르면, 42세쯤에 6회째의 액년이 있는 셈인데, 이때쯤이 장년기와 초로기의 경계이며, 두드러진 몸의 변화가 나타나기 쉽기 때문에 특히 대표적인 가로대로 생각되었을 것이다.

화려하게 핀 꽃처럼 신선하고 아름다운 인생의 봄에 이어, 강렬한 태양이 쨍쨍 내리쬐는 여름이 찾아오고, 연달아 온화한 가을볕에 수확을 즐기는 시기가 다가온다. 그것이 바로 이 갱년기이다. 하루의 시간에 비유하자면, 대낮의 쨍쨍 내리쪼이는 햇볕이 지난 뒤에 찾아오는 조용한 '황혼'과 같다. 여성에게는 규칙적이었던 월경이 점점 불규칙해지고, 2~3년 사이에 마침내 완전히 멈추게 된다.

여성의 갱년기는, 우선 난소기능의 저하로 시작된다. 난소의 활동이 약해지면, 그 '상사'로서 감독 역할을 맡은 뇌하수체에서 난소의 활동을 독려하는 성선자극호르몬이 분비된다.

지점의 업적이 갑자기 저하되면 본점으로부터 시끄럽게 독려의 지령이 날아오는 것과 마찬가지이다. 실제로 성선자극호르몬은 10대, 20대와 비교해서 5~6배나 되는 양이 뇌하수체에서 분비되지만, 아무리 자극해도 극도로 피로한 늙은 말에게 채찍질하듯이 난소는 말을 듣지 않는다.

결국 성선자극호르몬은 매우 과잉 분비되지만, 난포호르몬의 분비량은 줄고, 더욱이 배란이 잘 안 되기 때문에 황체호르몬이 결핍되어, 이들 호르몬의 불균형을 보충하기 위해 자율신경계, 특히 교감신경이 과민하게 되는 상태가 갱년기이다. 이러한 호르몬이나 자율신경계의 실조로 인해 우울해지고 흥분하거나 기분이 쉽게 변하며 기억력이 저하되는 정신증상이 조성되어 현기증, 가슴의 두근거림, 귀울림, 땀 흘림 등과 얼굴이 화끈거린다, 상기한다든가 하는 자율신경의 과민상태가 생긴다.

난소는 갱년기에 들어가면 30세쯤의 절반 가까이 오그라드는 데 비해, 고환은 40세쯤에 가장 무거워지고, 70세가 되어도 기껏해야 10퍼센트 정도밖에 오그라들지 않으므로 남성에 있어서는 뇌하수체의 성선자극호르몬 분비는 그리 증가하지 않는다. 따라서 갱년기가 시작되는 시기에도 증세가 분명치 않은 일이 많다.

춘하추동을 통해서 별 볼 일이 없는 남성에 비해, 육아와 가정꾸미기에 주역을 수행하고 봄에서 여름에 걸쳐 화려하고 커다란 꽃송이를 단 여성은 갱년기가 되면 가련한 조락의 시기를 맞이한다. 그러나 "꽃이여 한숨 쉬지 말라"이다. 생물의 궁극의 목적의 하나는 열매를 맺는 것이다. 인생의 결실도 꽃이 진 다음에, 그리고 결국 주로 여성 속에 집약되기 때문이다.

생물시계로 표시되는 나이

특히 빨리 노화되는 장기

생물학적 나이

초로기를 지나서 커지는 개인차

　신체를 구성하는 방대한 수의 세포는, 어떤 것은 분열을 통해 새로운 세포를 만들고, 어떤 것은 나이를 먹고 마침내 사멸하는 변화를 겪고 있다. 다행히 많은 세포가 연로하여 사멸하더라도 새로운 세포와 교체되기 때문에, 그것이 당장 전체의 노화나 사망으로 이어지지는 않는다. 마치 관청에서 나이 든 직원이 차례차례로 정년퇴직을 해나가도, 젊은 사람이 그 뒤를 맡아서 지장 없이 업무를 계속하는 것과 흡사하다.

　세포가 늘어나는 속도가 세포가 죽어가는 속도보다 빠를 때는 그 개체는 성장하지만, 사멸하는 속도 쪽이 빨라지면 위축이나 노화가 일어난다.

　한 사람의 인간에게 하늘에서 주어지는 성장을 위한 '불가사의한 힘'

―우라시마 타로(浦島太郞)[1]가 용궁에서 받아온 상자 속의 '노화를 가속하는 마력'과 같은―의 99퍼센트는 자궁 안에서 난세포로부터 태아가 생기는 시기에 써버리며, 나머지 1퍼센트의 힘이 태어난 이후의 성장을 이루고, 다시 노화를 이끌어 간다.

몸 전체는 아직 싱싱하더라도 어떤 장기만이 빨리 노화되도록 운명 지워진 것이 있다. 예를 들어 생긴 지 9개월도 지나지 않았는데, 임신의 마지막쯤에 태반은 완전히 노화되어 노년성(老年性)의 구조로 바뀌어 버린다. 또 흉골 뒤에 있는 흉선이라는 장기도, 아동기의 마지막 때쯤은 노화해서 위축해 버린다. 한쪽으로 치우친 생활이나 병 때문에 어떤 장기만이 특히 빠르게 노화하고, 그 때문에 전신의 노화가 앞당겨지는 일도 있다.

신체가 나이를 먹는 것은 태어난 후 시간이 경과하기 때문인데, 이 시간은 시곗바늘의 움직임과 언제나 일치하지 않는다. 10m를 걸어서 지친 나그네의, 마지막 1m를 걷는 시간은 처음 1m와 비교할 때 매우 길게 느껴질 것이며, 그만큼 신체에도 영향을 미칠 것이다. 매일 판에 박힌 듯한 규칙적인 생활을 하는 사람과 파란만장한 인생을 사는 사람은 시간의 흐름을 느끼는 방식이 대단히 다를 것이다. 이처럼 그 사람의 생활양식이나 생활 태도 등에 따라 그 사람의 위를 통과하는 시간의 속도가 다르다. 그리하여 이 시간이 다르면 그 사람의 노화속도도 다를 것이다―물론 이 경우에 다만, 그리고 과로에 의한 노화의 촉진을 고려하지 않으면 안 되지만…….

---

[1] 일본 전설 속 주인공 이름. 거북을 타고 용궁에서 3년 동안 영화를 누린 어부가 이별할 때 용궁의 미녀로부터 보물상자를 선물받고 고향으로 돌아왔다. 그러나 열지 말라는 경고를 어기고 그 상자를 열자, 흰 연기가 솟아오르며 그는 순식간에 백발노인이 되었다고 한다.

이처럼 달력 상의 나이와 생물학적 나이 사이에는 엇갈림이 생기지만, 청소년기에는 이 격차가 사람에 따라 그리 크지 않다. 그러나 초로기를 지나면서부터는 개인차가 매우 커지는 경향을 보인다.

정년퇴직제도의 문제점 중 하나는 그것이 달력의 연령에 따라 사무적으로 이루어지는 데 있다. 그러나 이러한 경우 생물학적 나이를 기준으로 삼으려 해도, 현재의 의학 수준으로는 호적을 조사해서 나오는 것 같은 명확한 숫자가 안 나올 것은 분명하다. 연대가 낡았지만 상태가 좋은 중고차는 팔 때에 손해를 보듯이, 인간도 당분간은 그 손실을 참지 않으면 안 될 것 같다.

서쪽으로 기우는 태양

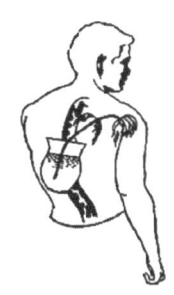

생명의 불이 타고 남은 찌꺼기

조직배양으로 수십 배의 수명

사람은 동맥과 함께 나이를 먹는다.

세포 속에서 타오르고 있는 생명의 불도 역시 '타고 남은 찌꺼기'를 남긴다. 난로에서 석탄을 태운 뒤 석탄재가 가득 차면 점점 잘 타지 않게 된다. 세포 속에도 이러한 '타고 남은 찌꺼기'가 쌓이면, 생명의 불의 연소가 나빠져서 노화가 생긴다고 하는 생각도 있다.

산 채로 꺼내놓은 조직을 산소나 영양을 충분히 포함한 용액 속에 넣고, 적절한 온도를 유지하면 생체 밖에서도 살아갈 수 있다. 조직배양이라는 방법이다. 이 방법으로 닭의 배아에서 떼어낸 심장의 한 조각을 배양하고, 생명의 불이 타고 남은 찌꺼기가 쌓이지 않도록 배양액을 매일 신선한 것과 바꿔주면, 이 조직을 노화시키지 않고 닭의 수명의 수십 배나 오래

살게 할 수 있다. 생명의 불이 타고 남은 찌꺼기는 원래 혈액순환이 나쁜 지영양조직이나 간엽성조직에 특히 쌓이기 쉬운데, 실제로 그러한 조직에서 노화가 시작된다.

　세포 속 성분은 방대한 수의 눈에 보이지 않는 미세한 입자로 이루어져 있다. 이 입자는 그 둘레에 물방울을 끌어당겨 물에 융합되기 쉬워서 친수성 콜로이드라고 한다. 갓난아기의 피부세포처럼 아주 젊은 세포는, 그 속의 콜로이드의 친수성이 강해 '싱싱하다'. 그러나 나이가 들어감에 따라 이 콜로이드가 물을 끌어당기는 힘이 점점 약해져, '싱싱한 맛'이 없어진다. 수분기가 없이 메마른 노인의 피부세포의 콜로이드는 노화해서 친수성이 없어진 것이다. 노화의 원동력의 하나가 친수성 콜로이드가 나이와 함께 물을 끌어당기는 힘이 약해지는 데에 있다고 하는 설이 있다.

　"사람은 그의 동맥과 함께 나이를 먹는다"라고 하듯이, 동맥은 나이와 함께 굳어지고 탄력을 잃는다. 말하자면 동맥경화는 노화의 상징적인 변화이다. 자동차의 고무타이어도 낡으면 취약해지고 굳어진다. 타이어에도 메이커에 따라 처음부터 우열의 차이가 있듯이, 유전적으로 선천적으로 굳어지기 쉬운 사람이 있다. 운전방법이 거친 사람의 차의 타이어처럼, 몸을 거칠게 다루는 사람의 동맥은 빨리 낡아버린다. 기름이나 약품을 타이어에 바르면 고무가 빨리 약해지듯, 기호품을 너무 지나치게 먹고 마셔서 동맥을 학대하면 역시 동맥경화가 일찍 발생한다.

　망가져 쓸모없게 된 세포를 교체하기 위한 증식촉진물질이 혈액 속에서 결핍해 가는 것이 노화의 원인이라고 생각하는 사람이 있는가 하면, 생명의 불의 원천이 되는 세포 안의 생원소가 소모되면서 세포의 영양상태가 저하되어 노화가 진행된다고 생각하는 사람도 있다. 그 밖에 성선이나 뇌, 타액선의 위축이 노화를 가져온다고 보는 견해도 있다. 아무튼 노화를 막고 장수를 이루는 것은 모든 생명 있는 존재의 끊임없는 소망이다. 그러나 노화라는 현상이 서쪽으로 기우는 태양처럼 저항할 수 없는 필연임을 생각한다면, "밤이 있기에 낮이 더욱 밝고, 겨울이 있기에 봄이 즐겁다"고 여기는 태도가 필요할 것이다.

생명에 햇수는 더해졌지만

인생 70년

큰 사업은 45세까지인가.

최선의 업적을 이룩한 평균연령

'인생 50년'이라는 말은 1920년대, 또는 그 이전부터 습관적으로 전해 내려온 표현이다. 그러나 평균수명으로 보면 1910년대에서 1920년대 말까지는 남자 42세, 여자 45세로 그쳤고, 1930년대에 들어서도 종전 전까지는 '50세의 벽'이 불로장수라는 비장한 소원 앞에 버티고 서 있었다.

그리하여 일본의 남녀 평균수명이 50세의 벽을 돌파한 것은 1947년 이후이다.

1952년에는 남자 60세, 여자 63세로 '60세의 벽'도 돌파했고, 1964년에는 남자 67.7세, 여자 72.9세에 이르렀다. '50세의 벽'을 앞에 두고 일진일퇴를 거듭하던 과거 수십 년에 비하면 최근 10여 년간 이 방면에서 일본이 이룬 진보는 실로 눈부시다.

　이와 같이 수명이 연장되는 한편 1967년 이후에는 출생률이 아주 줄어서 1947~1949년 베이비붐 당시의 2분의 1 이하로 떨어졌다. 즉 다산다사형의 인구동태가 단기간에 근대적인 소산소사형으로 전환된 것이다. 이 변화가 너무나 급격히 일어났기 때문에 가까운 장래에는 생산연령 인구가 일시적으로 급증한 뒤, 인구의 고령화가 바쁜 걸음으로 다가올 것이다. 1955년에는 60세 이상의 노인은 721만 명, 총인구의 8퍼센트였는데, 1960년에는 824만 명, 1970년에는 총인구의 10퍼센트가 60세 이상의 노인이 될 것이다. 그리하여 이대로 간다면, 50년 후에는 14세 이하의 아동이 전체 인구의 17퍼센트, 65세 이상의 노인이 19퍼센트를 차지하게 될 것이다.

　생산의 자동화가 진행될수록 숙련공의 필요성은 점점 줄어들게 된다. 그런데도 단지 나이를 먹었으니까 근속연한이 길다는 이유만으로 고액의 봉급을 지불하지 않으면 안 되며, 근육 노동력은 연령이 많아질수록 저하되기에, 인구의 고령화는 대소 기업체에 중대한 영향을 미친다. 약 1,000편의 전기를 검토한 결과에 따르면 과학, 예술, 문학 등의 영역에서 어떤 개인이 이룩한 생애의 최선의 업적은 대다수(70퍼센트)의 경우 45세 이전에 완성되었다. 레만에 따르면 "물리, 화학, 발명, 교향곡 작곡 등의 분야에서 최고의 업적은 30~35세 사이에 이루어졌다"고 한다. 400건의 자료를 통계적으로 분석한 돌런드는 최고의 업적이 이루어진 평균연령을 발표했다. 목사와 예술가는 50세, 정치가와 의사는 52세, 철학자 54세,

수학자와 천문학자는 56세, 역사가 57세, 박물학자와 법률학자는 58세였다.

최고의 업적을 이룬 후 나이를 먹었다고 해서 더 이상 업적이 나오지 않는 것은 아니므로 이 피크 연령 이후의 시기에도 예외적인 성과가 있을 수 있다. 생명의 연장을 가능하게 만든 의학의 발달이 단지 생명에 햇수를 더할 뿐만 아니라, 연령에 생명을 더하는 방향으로도 한층 더 노력을 기울여 노령기에도 훌륭한 일을 할 수 있는 시대를 열어야 할 것이다.

얼마나 알고 있습니까?

① 화석인류는 오른손잡이인가? 왼손잡이인가?

② 사람은 일생에 몇 항목을 기억할 수 있는가?

③ 내일이면 몇 퍼센트나 잊어버리는가?

④ 측두엽을 전기로 자극하면……

⑤ 수다를 떠는 것은 대뇌의 우반구인가? 좌반구인가?

⑥ 며칠을 못 자면 KO 되는가?

⑦ 눈이 가장 좋은 것은 무엇일까?

⑧ 코에서 하루에 증발하는 물의 양은?

⑨ 콧속의 섬모는 1분간 몇 번 움직이는가?

⑩ 피부의 냉점과 온점 중 더 많은 쪽은?

⑪ 매운맛은 혀의 어느 부분에서 느끼는가?

⑫ 단맛이 가장 덜 느껴지는 온도는 몇 도일까?

⑬ 손에 쥔 물건의 무게가 몇 퍼센트 늘면 느낄 수 있는가?

⑭ 손가락 끝은 2cm 간격을 식별할 수 있는데, 등에서는?

⑮ 따끔한 아픔과 동통은 어떻게 다를까?
⑯ 기침과 재채기는 어떻게 다른가?
⑰ 한숨, 흐느낌, 웃음은 어떤 운동인가?
⑱ 혈관은 정상혈압의 몇 배일 때 터지는가?
⑲ 심장은 하루에 몇 리터의 피를 내보낼까?
⑳ '생기'는 어디에서 나오는가?

[답] ① 왼손잡이, ② 15조, ③ 60퍼센트, ④ 잊었던 일을 생각해 낸다, ⑤ 좌반구, ⑥ 4일, ⑦ 새, ⑧ 약 1ℓ, ⑨ 250번, ⑩ 냉점, ⑪ 전체, ⑫ 37℃, ⑬ 4퍼센트, ⑭ 6cm 이상, ⑮ 신경섬유의 차이, ⑯ 성문이 열리는 방식이 다름, ⑰ 호흡운동, ⑱ 15~30배, ⑲ 9,000ℓ, ⑳ 부교감신경.

그림으로 살펴보는 신체기관

뇌

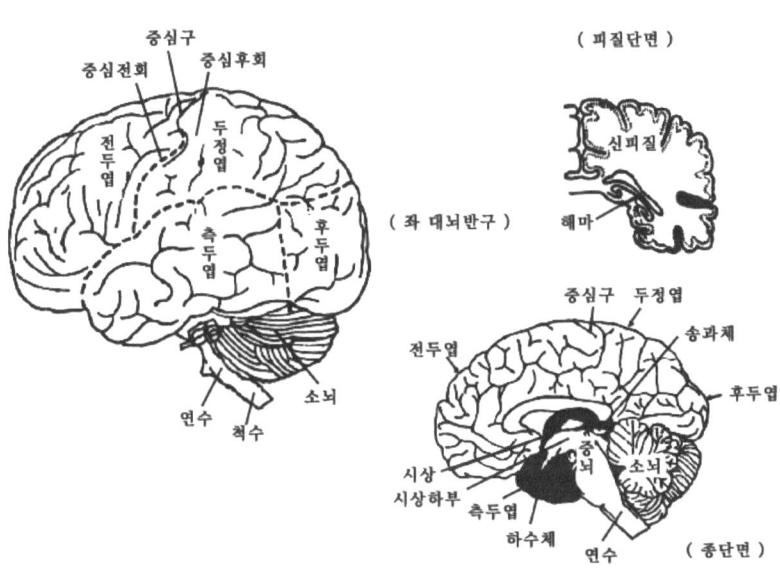

귀

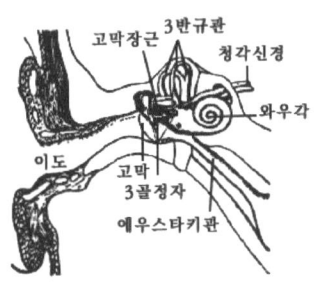

눈

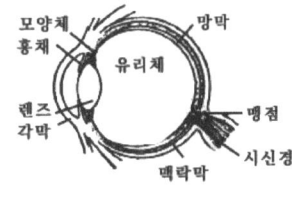

폐

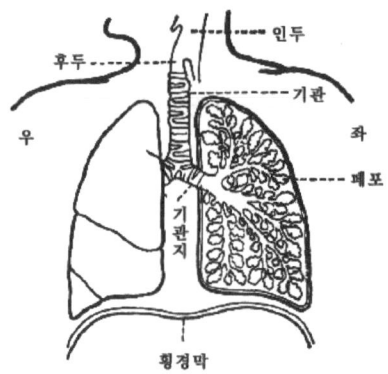

신장

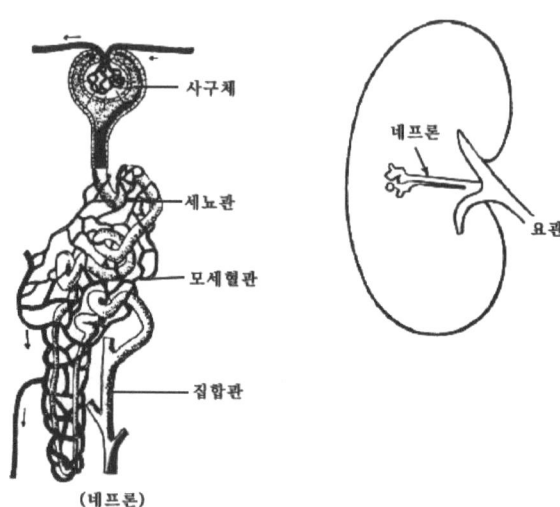

혈관계

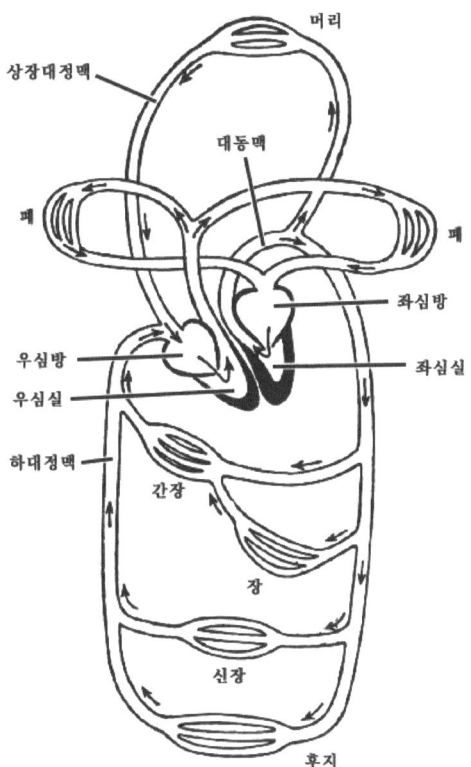

소화기계

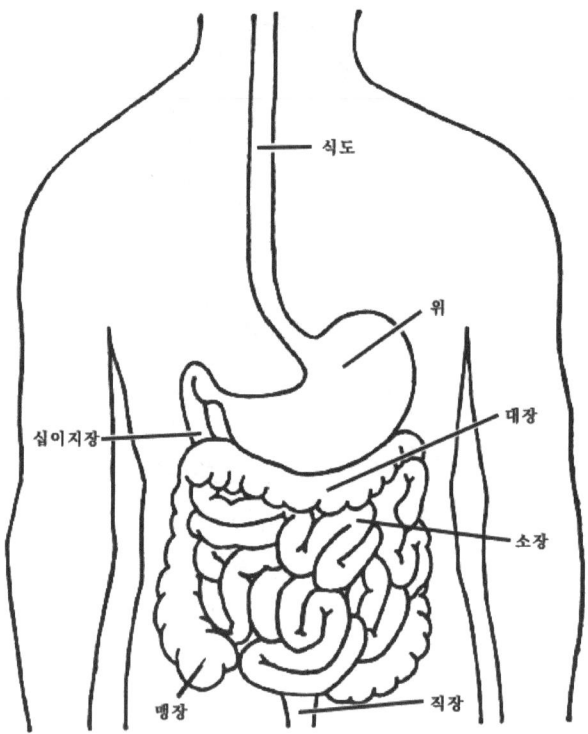